"十四五"职业教育国家规划教材

机械制图（航空航天类）

（第2版）

主　编　王守志　荆　楠

副主编　刘　琼　韩金玉

参　编　徐红亮　林　骏　贾永晨

U0218355

天津大学出版社
TIANJIN UNIVERSITY PRESS

内容提要

本教材分八个单元,主要介绍了制图基础知识、投影法与基本体、组合体及截切与相贯、机械图样画法、零件图、标准件和常用件、装配图、其他图样等传统机械制图知识与方法。同时,为满足航空航天类专业需要的相关飞机制图知识,教材增加了铆接图画法、焊接图画法、复合材料构件零件图画法等基础知识。教材在加强学生基础知识、拓宽学生知识面的基础上,立足于技术技能型应用人才培养需求,突出应用特色,力求内容精简,强化学生的识图、制图能力培养。书后还编有附录,供查阅有关标准和数据使用。同时出版的《机械制图习题集(航空航天类)》与本教材配套使用。

本书可作为职业院校及应用本科院校航空航天类专业机械制图课程的教材,也可作为工程技术人员及有一定机械制图、工程材料基础学习者的参考用书。

图书在版编目(CIP)数据

机械制图 : 航空航天类 / 王守志, 荆楠主编 ; 刘琼, 韩金玉副主编. -- 2版. -- 天津 : 天津大学出版社, 2022.2(2024.6重印)

"十四五"职业教育国家规划教材

ISBN 978-7-5618-7141-6

Ⅰ. ①机… Ⅱ. ①王… ②荆… ③刘… ④韩… Ⅲ. ①机械制图－高等职业教育－教材 Ⅳ. ①TH126

中国版本图书馆CIP数据核字(2022)第030220号

JIXIE ZHITU (HANGKONG HANGTIAN LEI)(DI-2 BAN)

出版发行	天津大学出版社
地　　址	天津市卫津路92号天津大学内(邮编:300072)
电　　话	发行部:022-27403647
网　　址	www.tjupress.com.cn
印　　刷	廊坊市瑞德印刷有限公司
经　　销	全国各地新华书店
开　　本	185mm×260mm
印　　张	16.25
字　　数	406千
版　　次	2022年2月第2版　2019年8月第1版
印　　次	2024年6月第2次
定　　价	48.00元

前　言

本教材针对职业教育及应用本科教育的教学特点,结合航空航天类企业的实际需求,根据最新《机械制图》《技术制图》等国家标准及《飞机制图基本规定》行业标准,并汲取兄弟院校同类教材优点编写而成,力求满足高职高专、应用本科等职业教育人才培养目标对机械制图与识图的新要求,同时突出标准意识、规范意识培养及课程思政教育,是天津中德应用技术大学"一流应用技术大学"建设成果。

本教材分八个单元,主要介绍了制图基础知识、投影法与基本体、组合体及截切与相贯、机械图样画法、零件图、标准件和常用件、装配图、其他图样等传统机械制图知识与方法。同时,为满足航空航天类专业需要的相关飞机制图知识,教材增加了铆接图画法、焊接图画法、复合材料构件零件图画法等基础知识。教材在加强学生基础知识、拓宽学生知识面的基础上,立足于技术技能型应用人才培养需求,突出应用特色,力求内容精简,强化学生的识图、制图能力培养。

根据"机械制图"课程的特点,本书采用双色印刷,以使读者能够更直观地了解零件结构,理解作图过程;同时将现代化的教学手段与传统教学相结合,在难以理解的理论知识部分配有动画,清晰展现零件结构、思维过程和作图过程,读者可以用手机扫描二维码直接观看,以降低读图和作图难度,增强学习效果。读者也可以通过扫描封底的二维码免费获取与教材内容同步的动画资源和三维立体图资源,便于学习和教学使用。

本教材由天津中德应用技术大学王守志、荆楠担任主编,参加编写工作的有王守志(单元一、单元五、单元八),荆楠(单元三、单元六、单元七),刘琼(单元四、单元七、单元八),韩金玉(单元一、单元二),林骏(单元二、单元六),徐红亮(单元三、单元四),华彬航空集团有限公司贾永晨(单元八)。

本书可作为职业院校及应用本科院校航空航天类专业机械制图课程的教材,也可作为工程技术人员的参考用书。书后还编有附录,供查阅有关标准和数据使用。同时出版的《机械制图习题集(航空航天类)》与本教材配套使用。

由于编者水平所限,书中难免存在一些不足、错误和缺陷,敬请广大读者批评指正。

编者

2022 年 2 月

目　　录

绪　论

> **学习内容：**
> 　1. 了解本课程的研究对象；
> 　2. 理解图样、零件图、装配图的概念及作用，掌握图样的内容；
> 　3. 熟悉本课程的体系结构学习方法。

一、本课程的研究对象

在工业工程中，工程图样是指导生产的重要技术文件，也是进行技术交流的重要工具，有"工程界的语言"之称，所以，图样的绘制和阅读是工程技术人员必须掌握的一种基本技能。机械制图是研究绘制和阅读工程图样的一门学科，故本课程旨在研究如何在平面上表达空间物体，用二维空间的"图"表达三维空间的"物"，研究怎样用投影法解决空间几何问题。本课程以《技术制图》与《机械制图》等国家标准为基础，是高等工科院校学生必修的一门技术基础课。图 0-1 为三维形体与二维图形之间的转换与映射关系，可见投影法、图样画法、国家标准、相关行业规定等是本课程涉及的基本理论与基本方法；空间想象与分析能力、绘图与识图能力是本课程的核心技能。

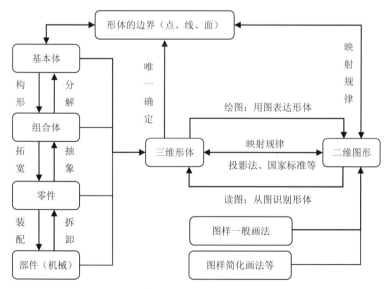

图 0-1　三维形体与二维图形之间的转换与映射关系

二、图样的内容及作用

1. 图样的概念及分类

在工业工程中，各种机械设备、仪器仪表以及工程设施都是通过图样表达设计意图，并根据图样来进行生产、安装、维修和技术交流的，所以，图样是工业生产部门、管理部门和科技部门的一种必不可少的重要技术资料。

根据投影原理、国家（行业）标准或有关规定表示的工程对象，并有必要技术说明的图，称为图样。机械工程图是用来表达机器（部件）的工作原理和装配关系，或机械单个零件形状、大小和特征的图样，其中表达机械（部件或组件）装配关系的图样称为装配图，表达机械单个零件结构的图样称为零件图，二者表达内容不同，其作用也不同。装配图主要用在机器或部件的装配、调试、安装、维修等场合，零件图主要用在零件的生产准备、加工制造及检验等场合。

> **注：**
>
> 　　航空企业常将表达部件或组件的装配图，称为组件图（Assembly Drawings）；将表达机械成品的装配图，称为装配图（Installation Drawings）。

2. 图样的内容

一幅完整的图样一般由一组图形、必要的尺寸、技术要求、标题栏等组成，装配图还包含描述组成装配体的各零部件简要信息的明细表。

图形要用国家标准规定的表达方法，正确、完整、清晰地表达出零件的内外结构形状；必要的尺寸要完整、清晰、合理地标注出零部件各部分结构形状的大小和相对位置的全部尺寸，以便于零部件的制造和检验；技术要求要用文字或规定的代号说明零部件在制造和检验时应达到的技术指标，如表面结构、尺寸公差、形状和位置公差、热处理、表面处理以及其他特殊要求等；标题栏配置在图纸的右下角，应填写零件的名称、材料、数量、图号、比例以及设计、审核、批准者的姓名、日期等，零件图上的标题栏要严格按有关标准规定（GB/T 10609.1—2008）画出和填写。图0-2所示为零件图示例。

> **注：**
>
> 　　标准是为了在一定范围内获得最佳秩序，经协商一致制定并由公认机构批准，共同使用的和重复使用的一种规范性文件。我国标准分为国家标准（如GB）、行业标准（如JB）、地方标准（以D开头）和企业标准（以Q开头）；国家标准又分为强制性标准（GB）和推荐性标准（GB/T）两类。
>
> 　　国家标准编号由国家标准的代号、国家标准发布的顺序号和国家标准发布的年号（四位数字）构成，如GB/T 10609.1—2008。

> 无规矩不成方圆，做任何事情都必须遵守规则；图样必须严格按照国家标准绘制。

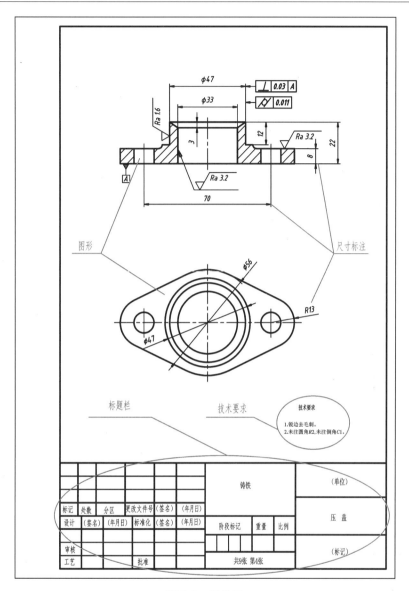

图 0-2　零件图

三、本课程的体系结构

本课程紧紧围绕机械图样的绘制与阅读这一主题,按照制图基础、机械图样、其他工程图样三大部分介绍与制图相关的基本理论、基本方法和基本技能。

"制图基础"部分包括单元一(制图基础知识)、单元二(投影法与基本体)、单元三(组合体及截切与相贯)3 个单元,主要介绍国家标准规定的制图基本知识(图幅、图框、图线、字体等)、投影基础(投影方法及点、线、面的投影规律和基本体等)、相贯及截切和组合体;"机械图样"部分包括单元四(机械图样画法)、单元五(零件图)、单元六(标准件和常用件)、单元七(装配图)4 个单元,主要讲解图样画法(视图、剖面图、断面

笔记

图等)、零件图、常用件和标准件的规定画法、装配图的一般画法等;"其他工程图样"主要介绍轴测图、焊接与铆接图等。

四、本课程的学习方法

本课程是一门与生产实际密切相关的课程,既具有系统的理论知识,又具有很强的实践性,同时要求具备较强的空间想象和分析能力。因此,学习本课程时应注意以下几点。

(1)学好基本理论,掌握基本方法,熟悉基本技能。

(2)从空间(物体)到平面(图样),从平面到空间反复思考,以培养空间想象能力和对几何形体的构思能力。

(3)勤动手,多练习,在实践中培养图样的绘制能力与识读能力。

(4)绘图时,要养成严谨精细的学习态度,培养自觉遵守工程制图国家标准的良好习惯,不断提高查阅标准的能力。

学习本课程要坚持勤于学、敏于思,坚持博学之、审问之、慎思之、明辨之、笃行之,涵养优良学风,以学益智,以学修身,以学增才。

思考题

1. 什么是图样、零件图、装配图?

2. 零件图及装配图有何区别?

3. 一幅完整的图样包含哪些内容?

4. 学习本课程应注意什么?

5. 什么是标准? 我国的标准一般分为几类?

单元一 制图基础知识

> 学习内容:
>
> 1. 掌握相关国家标准中关于图纸幅面及其格式、标题栏、图线、字体、比例、尺寸标注、斜度及锥度的一般规定;
>
> 2. 熟悉尺寸标注的基本原则,能够正确标注尺寸;
>
> 3. 熟悉线段(圆周)等分、圆弧连接、椭圆及渐开线绘制等几何作图的基本方法与基本步骤,能够正确绘制一般几何图形;
>
> 4. 掌握基准、定形尺寸、定位尺寸等基本概念及平面图形的分析方法,能够正确绘制一般平面图形。

任务一 国家标准基本规定

为准确无误地交流技术思想,《技术制图》和《机械制图》等相关国家标准对图线、图幅、图样画法等作了统一规定,绘图时必须严格遵守、认真执行。

航空行业因飞机结构复杂,图样幅面较大,且铆接、铰接、缝纫等特殊工艺应用较多,为规范、统一飞机零部件的结构表达,我国航空行业颁布了系列飞机制图相关行业标准,如《飞机制图基本规定》(HB 5859.1—1996)等,故在绘制飞机图样时也需遵守并执行行业标准。

一、图纸幅面及格式(GB/T 14689—2008)

图纸幅面是指图纸的尺寸大小,由图纸的宽度与长度界定。

1. 图纸幅面及其代号

图纸幅面分为基本图幅与加长图幅两类。表 1-1 为基本幅面的图纸尺寸及其代号。绘图时,应优先选用基本幅面;必要时,也允许选用表 1-2 中第二选择或第三选择的加长幅面。加长幅面是由基本幅面的短边成整数倍增加后得出的。

表 1-1 基本幅面

单位:mm

幅面代号	A0	A1	A2	A3	A4
$B \times L$	841×1189	594×841	420×594	297×420	210×297
e	20			10	
c	10			5	
a	25				

表 1-2　加长幅面　　　　　　　　　　　　　单位:mm

第二选择		第三选择			
幅面代号	$B \times L$	幅面代号	$B \times L$	幅面代号	$B \times L$
A3×3	420×891	A0×2	1189×1682	A3×5	420×1486
A3×4	420×1189	A0×3	1189×2523	A3×6	420×1783
A4×3	297×630	A1×3	841×1783	A3×7	420×2080
A4×4	297×841	A1×4	841×2378	A4×6	297×1261
A4×5	297×1051	A2×3	594×1261	A4×7	297×1471
		A2×4	594×1682	A4×8	297×1682
		A2×5	594×2102	A4×9	297×1892

注:

《飞机制图基本规定》(HB 5859.1—1996)规定:A0、A1幅面,必要时仅允许沿长边加长,A0幅面的加长量一般不应超过一个A0幅面的长度;需要超过时,应采用第2、3……页。

可见,在我国飞机制造业中是不采用表1-2所示的加长图幅的,且A0幅面的最大加长幅面为841 mm×2378 mm。

2. 图框格式

图框是图纸上限定绘图区域的线框,用粗实线绘制;其格式分为留有装订边和不留装订边两种,但同一产品的图样只能采用一种格式。

图 1-1 为不留装订边的图框格式,图 1-2 为留有装订边的图框格式;边框尺寸按表 1-1 的规定选用。

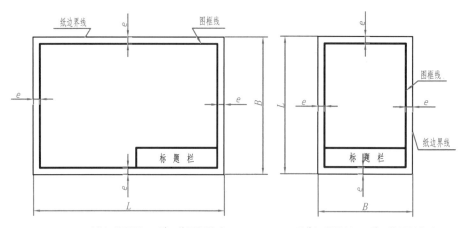

(a)无装订边图纸(X型)的图框格式　　　(b)无装订边图纸(Y型)的图框格式

图 1-1　不留装订的图框格式

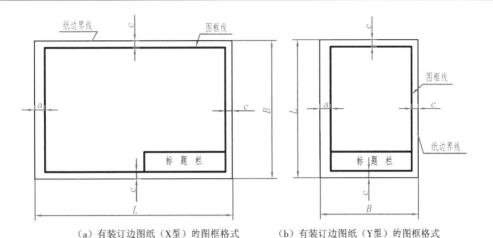

（a）有装订边图纸（X型）的图框格式　　　（b）有装订边图纸（Y型）的图框格式

图 1-2　留有装订边的图框格式

加长幅面的图框尺寸是按所选用的基本幅面大一号的图框尺寸确定的。

例：A2×3 的图框尺寸，按 A1 的图框尺寸确定，即 e 为 20 mm（或 c 为 10 mm），而 A3×4 的图框尺寸，按 A2 的图框尺寸确定，即 e 为 10 mm（或 c 为 10 mm）。

当标题栏的长边置于水平方向并与图纸的长边平行时，构成 X 型图纸，如图 1-1（a）、图 1-2（a）所示；当标题栏的长边与图纸的长边垂直时，构成 Y 型图纸，如图 1-1（b）、图 1-2（b）所示。此时，看图方向与看标题栏的方向一致。

1）对中符号

为了使图样复制和缩微摄影时定位方便，应在图纸各边长的中点处分别画上对中符号。对中符号用粗实线绘制，宽度不小于 0.5 mm，长度从纸边界线开始至伸入图框约 5 mm。对中符号的位置误差应不大于 0.5 mm，如图 1-3 所示。

当对中符号处在标题栏范围内时，则伸入标题栏部分省略不画，如图 1-4 所示。

2）方向符号

若使用预先印制好的图纸，为了明确绘图和看图时图纸的方向，应在图纸的下边对中符号处画出一个方向符号。方向符号是用细实线绘制的等边三角形，其大小和所处的位置如图 1-5 所示。

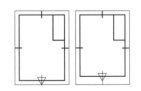

图 1-3　X 型图纸的短边置于水平　图 1-4　Y 型图纸的长边置于水平　图 1-5　方向符号
　　　　　时的对中符号　　　　　　　　　时的对中符号

3. 图幅分区

图幅分区是指采用在长度与宽度方向上均分图纸的方法划分图纸区域，以方便图样的标记和阅读，如图 1-6 所示。

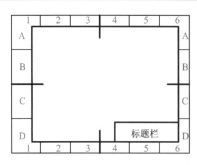

图 1-6　图幅分区

简单的图样可以不分区。若要分区,需用细实线在图纸周边内绘制分区,同时应注意以下几点问题。

(1)分区数目按图样的复杂程度确定,但必须取偶数,且每一分区的长度应在25~75 mm 内选择。

(2)分区的编号,沿上下方向(按看图方向确定图纸的上下和左右)用直体大写拉丁字母从上到下顺序编写;沿水平方向用直体阿拉伯数字从左到右顺序编写。当分区数超过拉丁字母的总数时,超过的各区可用双重字母编写,如 AA,BB,CC,…拉丁字母和阿拉伯数字的位置应尽量靠近图框线。

(3)标注分区代号时,分区代号由拉丁字母和阿拉伯数字组成,字母在前、数字在后并排书写,如 B3、C5 等。

> **注:**
> 　HB 5859.1—1996 规定:(1)对于幅面为 A0 及 A0 以上,且图形复杂的图样,为看图方便,应对图幅分区;(2)每一分区的边长为 210 mm,最右面一个分区的长度不足 210 mm 时,仍编为一个分区;(3)当采用对中符号时,图幅分区数目应为偶数,每一分区的边长可在 210 mm 上下调整。

二、标题栏

1. 标题栏格式

标题栏是简要说明零件及其图样基本信息的表格,一般由更改区、签字区、其他区、名称及代号区组成,其格式和尺寸(GB/T 10609.1—2008)如图 1-7 所示。每张图样必须绘制标题栏,标题栏的位置应位于图纸的右下角。

其他分区形式可参考国家标准(GB/T 10609.1—2008),也可按实际需要增加或减少。

2. 标题栏填写

更改区中的内容应按从下往上的顺序填写,也可以根据实际情况顺延,或放在图样中其他的地方,但应有表头。"标记"是因工艺、错误等原因对原图进行修改时,在修改的地方所标记的更改符号,如"a";"处数"是同一种标记所表示的更改数量;"更改文件号"填写更改所依据的文件号;"阶段标记"表示图纸所处的生产阶段,根据 JB/T 5054.3—2000 规定分为"S""A""B"三种,"S"表示样机(样品)试制图样,"A"表示小批试制图样,"B"表示正式生产图样,按有关规定由左向右填写;"重量"表示所绘制图样相应产品的计算质量,以千克(kg)为计量单位时,允许不写出其计量单位;"共 张""第 张"填写同一图样代号中图样的总张数及该张所在的张次;"图样名称"应力求简明、规范或约定俗成;各责任人签名应手写,清晰可读即可,但不要用仿宋字签名;标题栏中的"年月日"应按照 GB/T 7408—2005 的规定格式填写,规定为"年"四位,"月""日"两位,之间不用分隔符,如"20090923"。

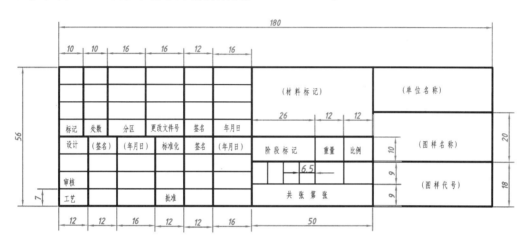

图1-7 标题栏的格式及各部分的尺寸

3. 校内作业简化标题栏

在校学习期间的制图作业中,可采用图1-8所示的推荐格式绘制标题栏。

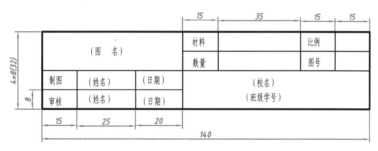

图1-8 制图作业中推荐使用的标题栏格式

三、图线(GB/T 17450—1998、GB/T 4457.4—2002)

图线是以某种方式连接起点与终点的一种线性几何图形,形状可能为直线或曲线、连续或不连续。

1. 图线样式

绘制图样时,常采用的图线样式如表1-3所示。

表 1-3　图线的规格及应用

图线名称	图线样式	图线宽度	一般应用
粗实线	——————	b	可见轮廓线
细实线	——————	$b/2$	尺寸线及尺寸界线、引出线、辅助线、剖面线、分界线及范围线、不连续的同一表面的连线、重合剖面的轮廓线、弯折线（如展开图中的弯折线）、螺纹的牙底线及齿轮的齿根线、成规律分布的相同要素的连线
波浪线	～～～	$b/2$	断裂处的边界线、视图和剖视图的分界线
双折线	～/＼～	$b/2$	断裂处的边界线、视图和剖视图的分界线
虚线	- - - - - - -	$b/2$	不可见轮廓线、不可见棱边线
细点画线	—— - —— - ——	$b/2$	轴线、对称中心线、轨迹线、节圆及节线
双点画线	—— - - —— - - ——	$b/2$	相邻辅助零件的轮廓线、坯料的轮廓线或毛坯图中制成品的轮廓线、极限位置的轮廓线、实验或工艺用结构（成品上不存在）的轮廓线、假想投影轮廓线、中断线
粗虚线	▬ ▬ ▬ ▬ ▬	b	允许表面处理的表示线

　　图线宽度 b 的推荐系列为 0.25 mm、0.35 mm、0.5 mm、0.7 mm、1 mm、1.4 mm、2 mm，粗线与细线的宽度比为 2：1。一般情况下，粗线的宽度常在 0.5~1 mm 中选取。

2. 图线应用

（1）粗实线的部分应用如图 1-9 所示。

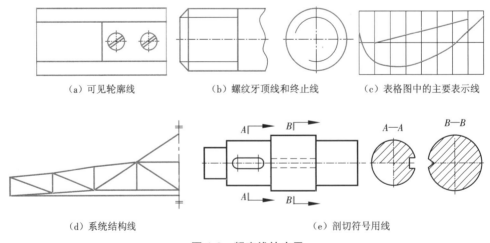

（a）可见轮廓线　　　　（b）螺纹牙顶线和终止线　　　　（c）表格图中的主要表示线

（d）系统结构线　　　　　　　　（e）剖切符号用线

图 1-9　粗实线的应用

（2）细实线的部分应用如图 1-10 所示。

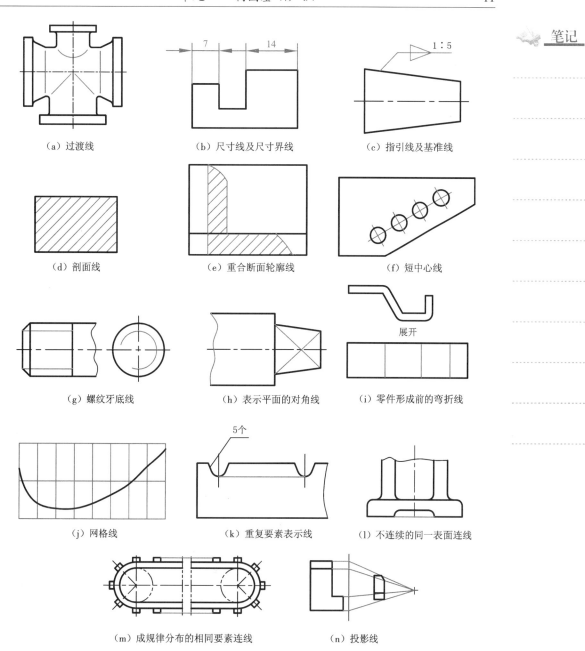

图 1-10　细实线的应用

（3）各种图线的综合应用示例如图 1-11 所示。

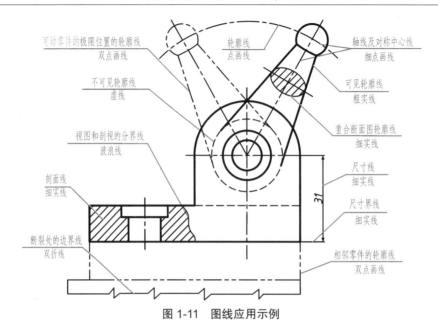

图 1-11　图线应用示例

3. 图线画法

（1）同一图样中,同类图线的宽度应一致。

（2）除非有特别规定,两条平行线之间的最小间隙不得小于 0.7 mm。

（3）虚线、点画线的长度、间隙、短线应各自相等;点画线和双点画线的首末两端为"长线",而不应为"点",如图 1-12 所示。

　　　　（a）虚线　　　（b）点画线　　　（c）双点画线
图 1-12　虚线、点画线、双点画线的画法

（4）虚线、点画线或双点画线和实线相交或它们自身相交时,应以"长线"相交,而不应以点或间隔相交。虚线、点画线或双点画线为实线的延长线时,应在相连处留出间隔,如图 1-13 所示。

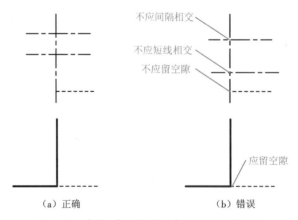

　　（a）正确　　　　　　　　（b）错误
图 1-13　虚线、点画线或双点画线和实线相交

（5）绘制圆的对称中心线时,圆心应为"长线"的交点,首末两端超出圆周 2~5 mm。在较小的圆形上绘制细点画线和细双点画线有困难时,可用细实线代替,如图 1-14 所示。

（6）当某些图线重合时,应按粗实线、虚线和细点画线的顺序只画前面的一种图线。

（7）虚线圆弧与实线相切时,虚线圆弧应留出间隔。

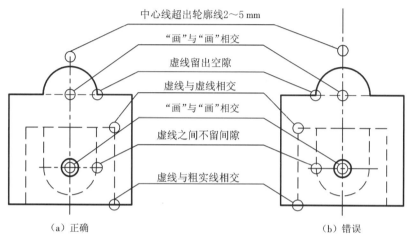

中心线超出轮廓线2~5 mm
"画"与"画"相交
虚线留出空隙
虚线与虚线相交
"画"与"画"相交
虚线之间不留间隙
虚线与粗实线相交

（a）正确　　　　　　　　　　　　（b）错误

图 1-14　图线正误画法对比

四、字体（ GB/T 14691—1993 ）

字体是指图样中文字、字母、数字等符号的书写样式,书写时必须做到字体工整、笔画清楚、间隔均匀、排列整齐。字体的号数,即字体的高度 h 的公称尺寸系列为 20、14、10、7、5、3.5、2.5、1.8（ 单位:mm ）,如需要更大的字体,其高度应按 $\sqrt{2}$ 的比率递增。

1. 汉字

汉字规定用长仿宋体书写,并采用国家正式公布的简化汉字。汉字的高度不应小于 3.5 mm,字体宽度一般为 $h/\sqrt{2}$。

2. 字母和数字

字母和数字可写成直体和斜体。斜体字的字头向右倾斜,与水平基准线成 75° 角。

3. 综合应用规定

字体综合应用时,用作指数、分数、极限偏差、注脚等的数字及字母,一般应采用小一号的字体,如图 1-15 所示。

$ISO\ 2005 \quad Part\ 5 \quad \phi 20^{+0.010}_{-0.023} \quad 10^3 \quad 1:2000 \quad 58kg$

$GB/T\ 14691\ 1993 \quad m=14 \quad z=28 \quad 55° \quad \frac{3}{4}$

$HT200 \quad 20Mn \quad \phi 50\frac{H9}{f8} \quad \phi 50h6$

$R30 \quad Td \quad t2 \quad$ 机械制图

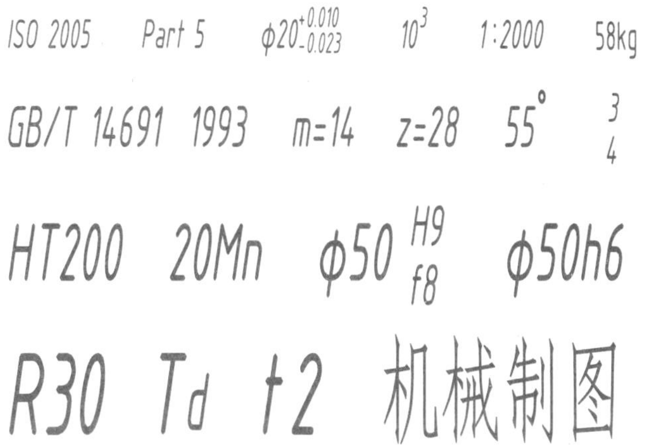

图 1-15　字体

五、比例(GB/T 14690—1993)

比例是指图样与其实物相应要素的线性尺寸之比。绘图时,优先采用表 1-4 中所列的国标规定的比例;必要时也可以采用表中括号内的其次选用比例。

表 1-4　常用比例

原值比例	$1:1$		
缩小比例	$(1:1.5)\ 1:2\ (1:2.5)\ (1:3)\ (1:4)\ 1:5\ (1:6)$ $1:1\times10^n\ (1:1.5\times10^n)\ 1:2\times10^n\ (1:2.5\times10^n)\ (1:3\times10^n)$ $(1:4\times10^n)\ 1:5\times10^n\ (1:6\times10^n)$		
放大比例	$2:1\ (2.5:1)\ (4:1)\ 5:1$ $1\times10^n:1\ 2\times10^n:1\ (2.5\times10^n:1)\ (4\times10^n:1)\ 5\times10^n:1$		

注:n 为正整数。

> **注:**
> 绘图时,应尽可能采用 $1:1$ 比例,以便由图形直接表达零部件的真实大小。当零部件不宜采用 $1:1$ 比例时,也可以采用放大或缩小比例。不论采用何种比例,图样中所标注的尺寸数值都必须是零部件的实际尺寸,即图样中的尺寸标注与绘图所用的比例无关。

对于同一张图样上的各个图形,原则上应采用相同的比例绘制,并在标题栏内的"比例"一栏中进行填写。当某个图形需采用不同比例绘制时,可在视图名称下方以分数形式标注出该图形所采用的比例,如 $\frac{I}{2:1}$、$\frac{A}{2:1}$、$\frac{B-B}{2.5:1}$ 等,如图 1-16 所示。

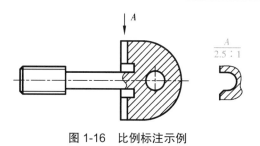

图 1-16　比例标注示例

六、尺寸标注(GB/T 4458.4—2003)

图形只能表达机件的形状,其大小由图样标注的尺寸确定。尺寸标注应正确、完整、清晰、合理。

1. 基本规则

(1)机件的真实大小应以图样上所标注的尺寸数值为依据,与图形的大小及绘图的准确度无关。

(2)图样(包括技术要求和其他说明)中的尺寸,以毫米为单位时,不需标注单位或名称。若采用其他单位,则应注明相应的单位符号。

(3)图样中所标注的尺寸为该图样所表示机件的最后完工尺寸,若不是最后完工尺寸,需要另加说明。

(4)机件的每一个尺寸,在图样上一般只可标注一次,并应标注在反映该结构最清晰的图形上。

2. 尺寸组成

一个完整的尺寸由尺寸界线、尺寸线和尺寸数字 3 个基本要素组成,如图 1-17 所示。

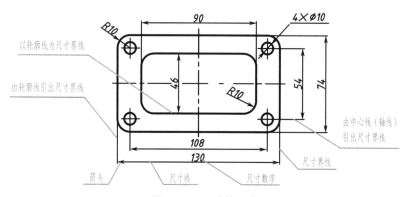

图 1-17　尺寸的组成

1)尺寸界线

尺寸界线用细实线绘制,并由图形的轮廓线、轴线或对称中心线处引出;也可以利用轮廓线、轴线或对称中心线作为尺寸界线。

在光滑过渡处标注尺寸时,应用细实线将轮廓线延长,从其交点处引出尺寸界线,

笔记

如图 1-18 所示。

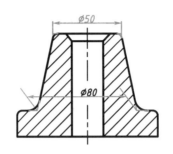

图 1-18　圆角处尺寸界线的画法

尺寸界线一般应与尺寸线垂直,必要时才允许倾斜。

标注角度的尺寸界线应沿径向引出,如图 1-19 所示;标注弦长的尺寸界线应平行于该弦的垂直平分线,如图 1-20 所示;标注弧长的尺寸界线应平行于该弧所对圆心角的角平分线,如图 1-21 所示,但当弧长较大时,可沿径向引出。

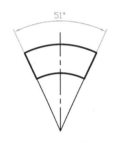
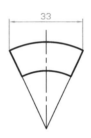

图 1-19　标注角度的尺寸界线　　图 1-20　标注弦长的尺寸界线　　图 1-21　标注弧长的尺寸界线

2)尺寸线

尺寸线用细实线绘制,其终端可以用箭头或斜线两种形式来表示尺寸线的起止,如图 1-22 所示。只有当尺寸线垂直于尺寸界线时,尺寸线才可以采用斜线终端,机械图样上的尺寸线终端一般采用箭头。在同一图样中,其终端的形式应一致。

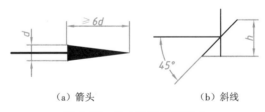

(a)箭头　　　　　　　　　(b)斜线

图 1-22　尺寸线的终端形式

尺寸线不能用图中的任何图线来代替,也不得与其他图线重合或画在其延长线上。

线性尺寸的尺寸线应绘制成与所标注线段间隔为 5~7 mm 的平行线。各尺寸线之间或尺寸线与尺寸界线之间应尽量避免相交。因此,在标注并联尺寸时,应将小尺寸放在里面,大尺寸放在外面,如图 1-23 所示。

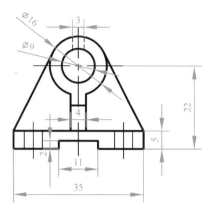

图 1-23 尺寸标注示例

当标注角度时,尺寸线应画成圆弧,其圆心是该角的顶点。当对称机件的图形只画出一半或略大于一半时,尺寸线应略超过对称中心线或断裂处的界线,此时仅在尺寸线的一端画出箭头,如图 1-24 中的尺寸 35 和 52。

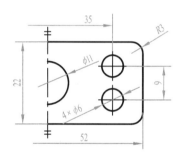

图 1-24 对称机件只画一半的标注方法

3)尺寸数字

尺寸数字用以表示机件各部分的实际大小,一律用标准字体书写,在同一图样上尺寸数字的字高应保持一致。

线性尺寸的数字一般应注写在尺寸线的上方,也允许注写在尺寸线的中断处。线性尺寸数字的方向一般应按图 1-25(a)所示的情况来注写,并尽可能避免在图示 30°范围内注写尺寸,当无法避免时,可按图 1-25(b)所示的方式标注。尺寸数字(含字母符号)不被任何图线所穿过,否则就必须使相应的图线在尺寸数字处断开,如图 1-18 中的尺寸 $\phi 80$。

> 尺寸数字的标注应遵循"实事求是"原则,既要遵守尺寸标注的基本规定,也要具体问题具体分析,保证所标注的尺寸完整、清晰、易读。

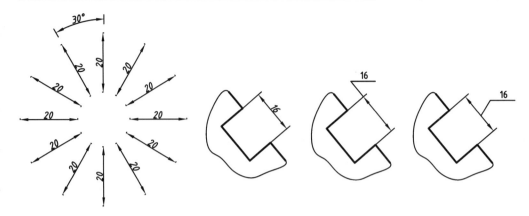

（a）尺寸数字的注写方向　　　　　　　　　　（b）向左倾斜 30°范围内的尺寸数字注写方向

图 1-25　线性尺寸数字的标注方法

3. 其他常见情况的尺寸注法

其他常见尺寸的标注方法，如表 1-5 所示。

表 1-5　常见尺寸的标注方法

项 目	图 例	说 明
角度		（1）角度数字一律写成水平，填在尺寸线的中断处，必要时允许写在外面，或引出标注，如图例所示； （2）尺寸线用圆弧绘制，圆心为该角的顶点； （3）尺寸界线应沿径向引出
圆的直径		（1）圆或大于半圆的圆弧应标注直径； （2）标注直径尺寸时，在数字前加注符号"ϕ"； （3）尺寸线应通过圆心，并在接触圆周的终端画箭头； （4）标注小圆尺寸时，箭头和数字可分别或同时注在外面
球的直径或半径		（1）标注球的直径或半径时，应在符号"ϕ"或"R"前再加注符号"S"； （2）在不致误解时，如螺钉的头部，可省略"S"

续表

项目	图例	说明
圆弧半径	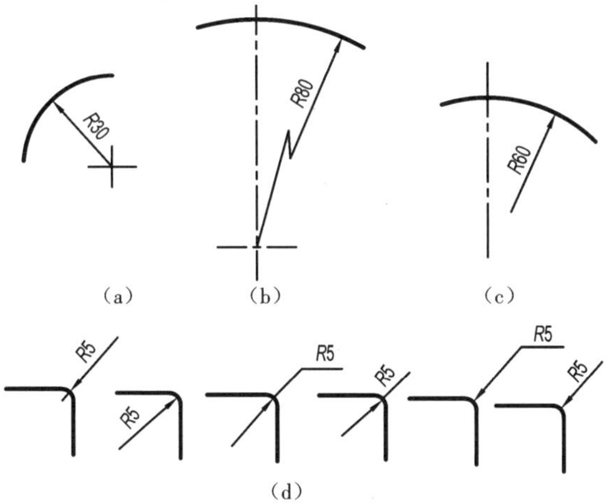 (a) (b) (c) R30 R80 R80 (d) R5	（1）小于半圆的圆弧应标注半径； （2）标注半径时，应在数字前加注符号"R"； （3）尺寸线应通过圆心，带箭头的一端应与圆弧接触； （4）半径过大或图纸范围内无法标注其圆心位置时，可按左图（b）标注，若不需要标出其圆心位置，可按左图（c）形式标注； （5）标注小半径时，可将箭头和数字注在外面，如左图（d）
弧长及弦长	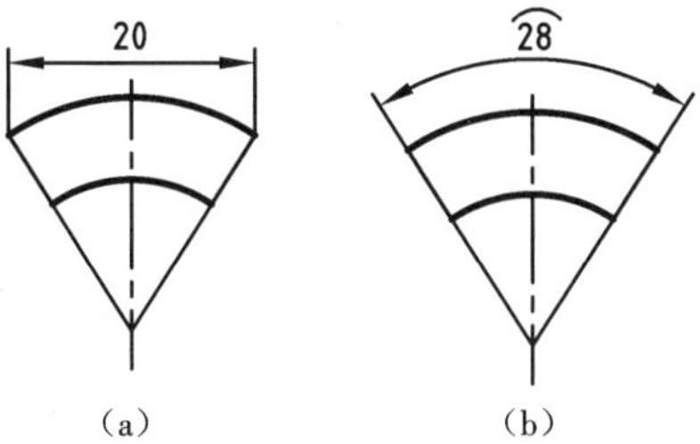 20 ⌢28 (a) (b)	（1）标注弧长时，应在尺寸数字上方加符号"⌢"； （2）弧长及弦长的尺寸界线应平行于该弦的垂直平分线，如图（a），当弧度较大时，尺寸界线可沿径向引出，如图（b）
小尺寸	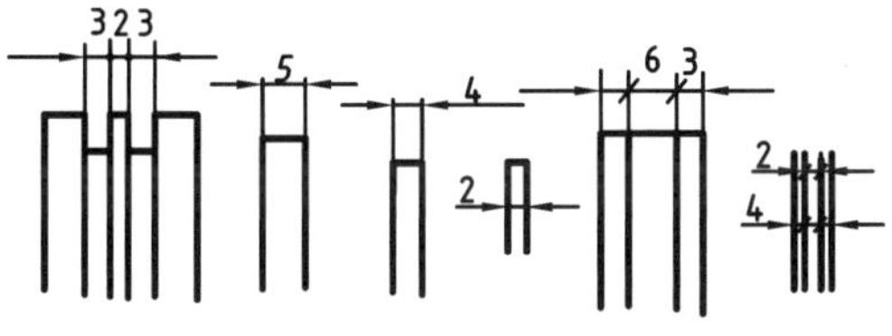 3 2 3 5 4 6 3 2 2 4	（1）小尺寸串联时，箭头画在尺寸界线的外侧，其中间可用小圆点或斜线代替箭头； （2）数字可写在中间、尺寸线上方、外侧或引出标注
相同的成组要素	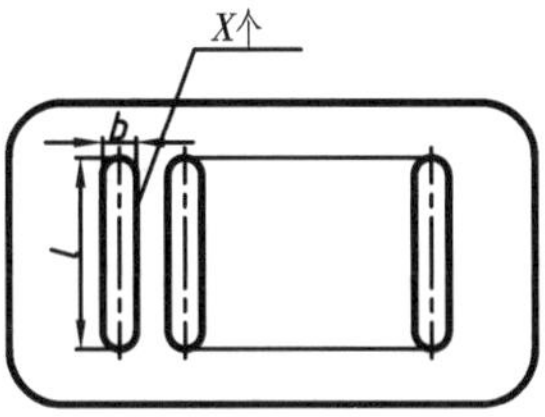 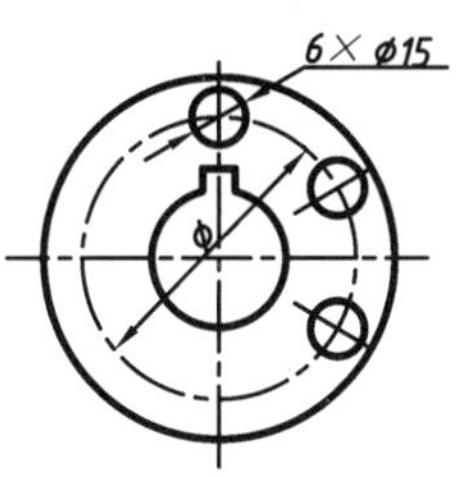 X个 b 6×∅15	（1）在同一图形中，对于尺寸相同的孔、槽等成组要素，可仅在一个要素上注出其尺寸和数量； （2）当成组要素（如均布孔）的定位和分布情况在图中已明确时，可不标注其角度，并可省略"EQS"；

笔记

项目	图 例	说 明
相同的成组要素	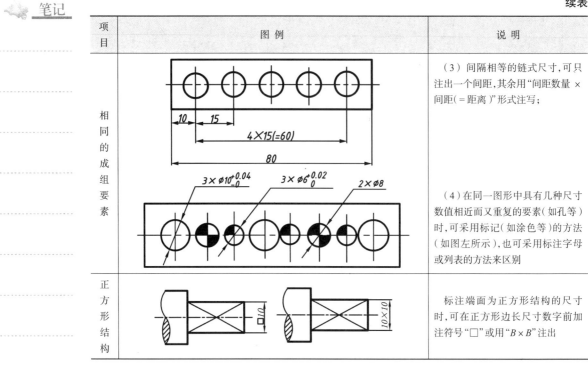	（3）间隔相等的链式尺寸,可只注出一个间距,其余用"间距数量 × 间距(＝距离)"形式注写; （4）在同一图形中具有几种尺寸数值相近而又重复的要素(如孔等)时,可采用标记(如涂色等)的方法(如图左所示),也可采用标注字母或列表的方法来区别
正方形结构		标注端面为正方形结构的尺寸时,可在正方形边长尺寸数字前加注符号"□"或用"B×B"注出

4. 常用的尺寸符号

标注尺寸时,应尽可能使用符号和缩写。常用的符号和缩写词如表 1-6 所示。

表 1-6 常用的符号和缩写词

名 称	符 号	名 称	符 号	名 称	符 号	名 称	符 号
直径	ϕ	球直径	$S\phi$	45° 倒角	C	埋头孔	∨
半径	R	球半径	SR	深度	↓	均布	EQS
厚度	t	正方形	□	沉孔或锪平	⊔		

七、斜度与锥度

1. 斜度

斜度是一直线(或平面)对另一直线(或平面)的倾斜程度。其大小以两者夹角 α 的正切值来表示,并将此值转化为 $1:n$ 的形式,如图 1-26 所示。

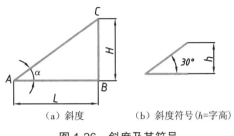

（a）斜度　　　　　　　　　　（b）斜度符号（h=字高）

图 1-26　斜度及其符号

在图样上标注斜度时,需在 1∶n 前加注符号"∠",符号的方向应与图形中的倾斜方向一致。斜度的画法及标注如图 1-27 所示。

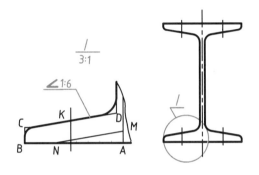

图 1-27　斜度的画法及标注

2. 锥度（GB/T 15754—1995）

锥度是指正圆锥的底圆直径与高度之比（对于正圆台,则为底圆和顶圆直径之差与其高度之比）,并将此值转化为 1∶n 的形式,如图 1-28 所示。标注锥度时,需在 1∶n 之前加注锥度符号"▷",符号的方向应与图形中大、小端方向一致,并对称地配置在基准线上,即基准线应从锥度符号中间穿过,如图 1-29 所示。

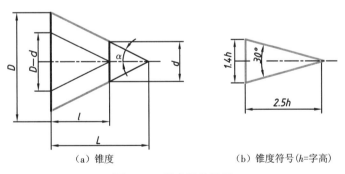

（a）锥度　　　　　　　　　　（b）锥度符号（h=字高）

图 1-28　锥度及其符号

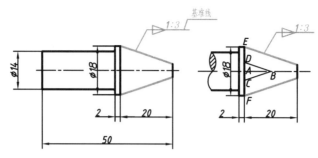

图 1-29 锥度的画法及标注

任务二 几何作图

一、线段等分

任意等分直线段的方法如图 1-30 所示。

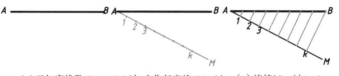

(a)已知直线段 AB
(b)过 A 点作任意线 AM,以适当长度为单位,在 AM 上量取 k 个等长线段,得 1,2,…,k 点
(c)连接 kB,过 1,2,…作 kB 的平行线,与 AB 相交,即可将 AB 分成 n 等份

图 1-30 等分直线段

线段平分

二、圆周等分及正多边形绘制

圆周等分及正多边形绘制方法见表 1-7。

表 1-7 等分圆周及作正多边形

类别	作图	方法和步骤
三等分圆周及作正三角形		用 30°、60° 三角板等分; 将 30°、60° 三角板的短直角边紧贴丁字尺,并使其斜边过点 A 作直线 AB,翻转三角板,以同样的方法作直线 AC,连接 BC,即得正三角形

续表

类别	作图	方法和步骤
六等分圆周及作正六边形	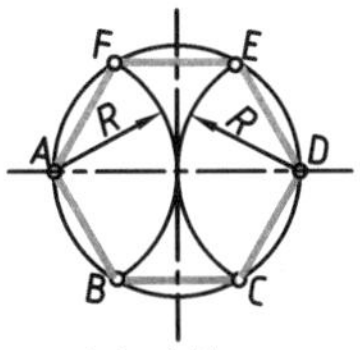 （a）方法一 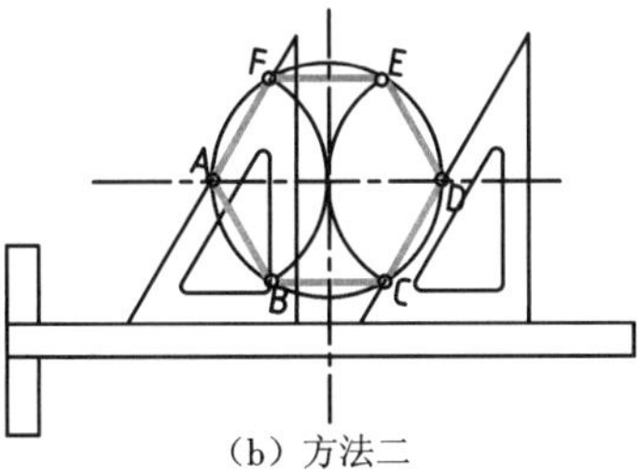 （b）方法二	方法一:用圆规直接等分 以已知圆直径的两端点 A、D 为圆心,以已知圆半径 R 为半径画圆弧与圆周相交,即得等分点 B、F 及 C、E,依次连接各点,即得正六边形,见左图(a) 方法二:用30°、60°三角板等分 将30°、60°三角板的短直角边紧贴丁字尺,并使其斜边过点 A、D(圆直径上的两端点),作直线 AF 和 DC;翻转三角板,以同样的方法作直线 AB 和 DE;连接 B、C 和 F、E,即得正六边形,见左图(b)
五等分圆周及作正五边形	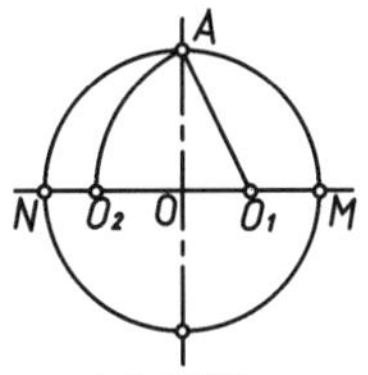 （a）步骤一 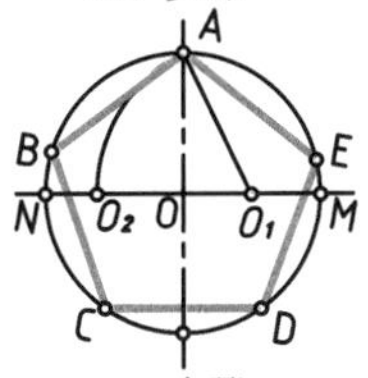 （b）步骤二	(1) 平分半径 OM 得点 O_1,以点 O_1 为圆心,O_1A 为半径画弧,交 ON 于点 O_2,见左图(a); (2) 取 $\overset{\frown}{O_2A}$ 的弦长,自 A 点起在圆周上依次截取,得等分点 B、C、D、E,依次连接后即得正五边形,见左图(b)
任意等分圆周及作正 n 边形	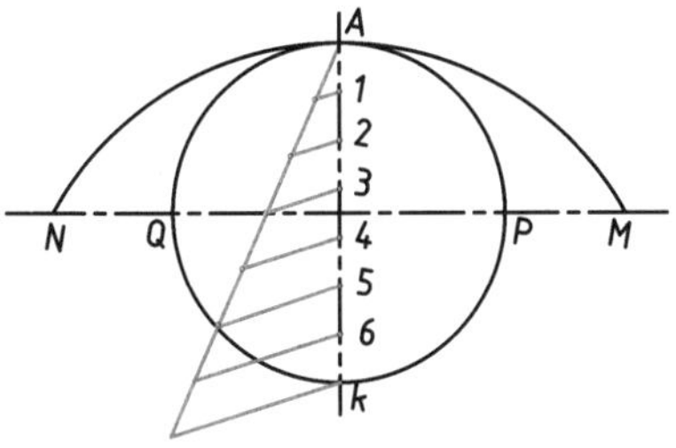 （a） 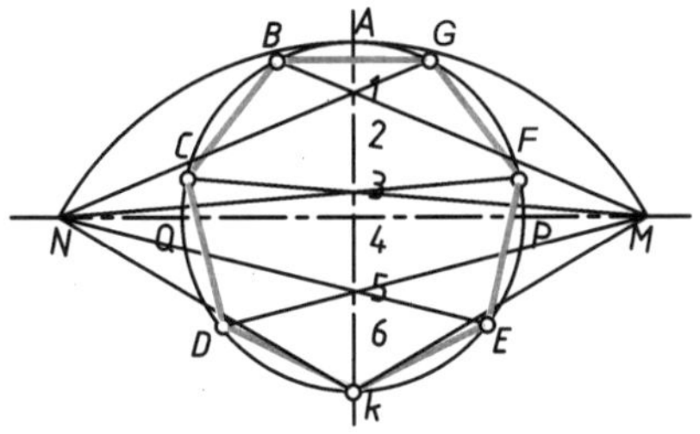 （b）	以正七边形做法为例 (1) 先将已知直径 Ak 七等分,再以点 k 为圆心,以直径 Ak 为半径画圆弧,交直径 PQ 的延长线于 M、N 两点,见左图(a); (2) 自点 M、N 分别向 Ak 上的各偶数点(或奇数点)连线并延长交圆周于点 B、C、D 和 E、F、G,依次连接各点,即得正七边形,见左图(b)

笔记

三、圆弧与直线连接

当一个圆（半径为 R）与已知直线 AB 相切时，其圆心轨迹是已知直线的平行线，两直线的距离为 R。过圆心向已知直线作垂线，垂足 K 就是连接点（切点），如图 1-31 所示。

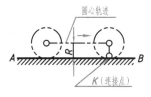

图 1-31　圆弧与直线连接

圆弧与直线连接

四、圆弧与圆弧连接

当一个圆（半径为 R）与已知圆弧 AB 相切时，其圆心轨迹是已知圆弧的同心圆。当两圆弧外切时，同心圆半径为 $R_{外}=R_1+R$，如图 1-32（a）所示；当两圆弧内切时，同心圆半径为 $R_{内}=R_1-R$，如图 1-32（b）所示。两圆弧圆心连线与已知圆弧的交点 K 即为连接点（切点）。

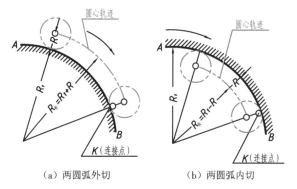

（a）两圆弧外切　　　　　　（b）两圆弧内切

图 1-32　圆弧连接的几何关系

常见的各种圆弧连接的作图方法和步骤见表 1-8。

表 1-8　各种圆弧连接的作图方法和步骤

连接要求	作图方法和步骤		
	求圆心 O	求切点 K_1、K_2	画连接圆弧
连接直线与直线			

续表

连接要求	作图方法和步骤		
	求圆心 O	求切点 K_1、K_2	画连接圆弧
连接一直线和一圆弧			
外切两圆弧			
内切两圆弧			

两圆弧外切

圆弧内接两圆弧

五、椭圆绘制

已知椭圆的长轴和短轴,绘制椭圆的方法有很多种,其中比较常用的方法是四心圆法(近似画法)和同心圆法。

1. 四心圆法(近似画法)

已知椭圆的长、短轴 AB、CD,用四心圆法绘制椭圆。

作图步骤如下。

步骤一:连接 AC,取 $CE_1 = CE = OA - OC$,如图 1-33(a)所示。

步骤二:作 AE_1 的中垂线,分别交长、短轴于 3、1 点,并取点 3、1 的对称点 4、2,连接点 1 和点 4、点 2 和点 3、点 2 和点 4 并延长,如图 1-33(b)所示。

步骤三:分别以点 1、2 为圆心, $1C$ 或 $2D$ 为半径画圆弧;再分别以点 3、4 为圆心, $3A$ 或 $4B$ 为半径画圆弧,即画出椭圆,图中点 M、N、M_1、N_1 为四段圆弧的切点,如图 1-33(c)所示。

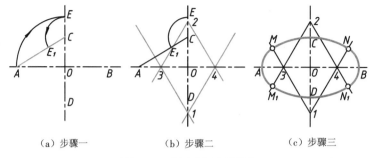

（a）步骤一　　　　　（b）步骤二　　　　　（c）步骤三

图 1-33　四心圆法画椭圆

2. 同心圆法

已知椭圆的长轴 AB 和短轴 CD，用同心圆法绘制椭圆，如图 1-34 所示，作图步骤如下。

步骤一：以 O 为圆心，分别以 AB 与 CD 为直径作两个同心圆。

步骤二：过圆心 O 作一系列直径（图中作 12 等份），使其与两个同心圆相交，各得 12 个交点。

步骤三：由大圆上的各交点作短轴的平行线，再由小圆上的各交点作长轴的平行线，每两条对应平行线的交点即为椭圆上的一点。

步骤四：用曲线顺序光滑连接各点，即得椭圆。

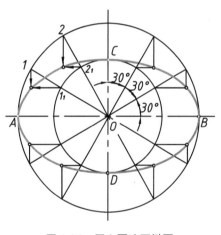

图 1-34　同心圆法画椭圆

椭圆绘制

六、渐开线绘制

一直线沿圆周作无滑动的滚动，则线上任一点的轨迹称为渐开线，该圆周为渐开线的基圆。根据该原理，渐开线的作图步骤如下，如图 1-35 所示。

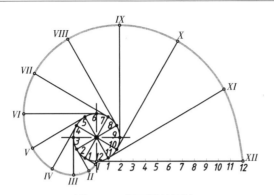

图 1-35　渐开线的画法

步骤一：画出渐开线的基圆，并将基圆圆周分成若干等份（图中为 12 等份）。

步骤二：将基圆圆周展开，长度为 πD，将其分成相同的等份。

步骤三：过圆周上各等分点按同侧方向作基圆的切线。

步骤四：在各切线上依次截取 $\dfrac{1}{12}\pi D, \dfrac{2}{12}\pi D, \cdots, \pi D$，得点 $I, II, III, \cdots, XII$。

步骤五：依次光滑地连接各点，即得圆的渐开线。

任务三　平面图形分析与绘制

平面图形通常由一些线段连接而成的一个或整个封闭线框所构成。绘图时，应首先对其进行尺寸分析和线段分析，然后按照正确的顺序绘制图形。尺寸标注要齐全，避免多标注、少标注和自相矛盾的现象。

一、尺寸分析

1. 基准

标注尺寸的起点，通常称为尺寸基准，以它为起点，确定零件上其他点、线或面的位置。尺寸基准可以是面（对称面、底面、端面等）、线（回转轴线、中心线等）或点（圆心等）。

当平面图形在某个方向有多个尺寸基准时，应以其中一个为主（主要基准），其余为辅（辅助基准），如图 1-36 所示。对于平面图形，应在水平方向和垂直方向至少各确定一个尺寸基准。尺寸基准的其他知识在"单元 五零件图"详细介绍，此处不再赘述。

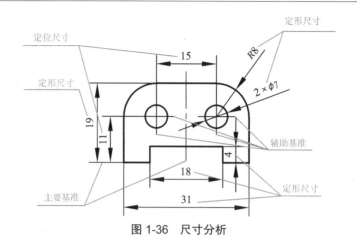

图 1-36　尺寸分析

2. 定形尺寸

确定平面图形上各线段形状大小的尺寸称为定形尺寸,如直线的长度、圆及圆弧的直径或半径以及角度大小等。

3. 定位尺寸

确定平面图形上的线段或线框间相对位置的尺寸称为定位尺寸。

应当指出的是,平面图形中有的尺寸对某一组成部分起定形的作用,而对另一组成部分可能起的是定位作用。所以,在认定一个尺寸是定形尺寸还是定位尺寸时,应针对某一具体的被研究对象而言。

二、线段分析

根据平面图形中所给出各线段的定形和定位(两个)尺寸的完整程度,可将它们分为以下三种类型。

1. 已知线段(或圆弧)

凡是定位尺寸和定形尺寸均齐全的线段(或圆弧),称为已知线段(或圆弧)。已知线段(或圆弧)可直接画出,如图 1-37 中的圆 $\phi5$、$R15$ 和 $R10$ 的圆弧、长度为 15 的直线段等。

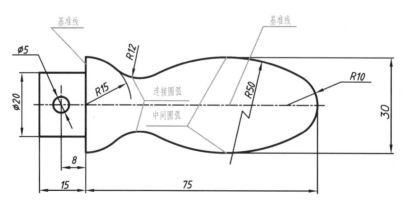

图 1-37　手柄平面图形的线段分析

2. 中间线段(或圆弧)

定形尺寸齐全,但定位尺寸不齐全的线段(或圆弧),称为中间线段(或圆弧)。中间线段(或圆弧)必须借助其一端与相邻线段间的连接关系才能画出。

3. 连接线段(或圆弧)

只有定形尺寸,而无定位尺寸的线段(或圆弧),称为连接线段(或圆弧)。连接线段(或圆弧)必须借助其两端与相邻线段间的连接关系才能画出。

> **注:**
> 在两条已知线段之间,可以有多条中间线段(或圆弧),但最多只能有一条连接线段,否则图形无法绘制。

三、平面图形绘制

根据尺寸及线段分析,确定绘图步骤后,按正确的顺序绘制图形。图 1-37 所示手柄的作图步骤如下。

步骤一:画出基准线,并根据各个封闭图形的定位尺寸画出定位线。

步骤二:画出已知线段。

步骤三:画出中间线段。

步骤四:画出连接线段。

步骤一到步骤四的绘图过程如图 1-38 所示。

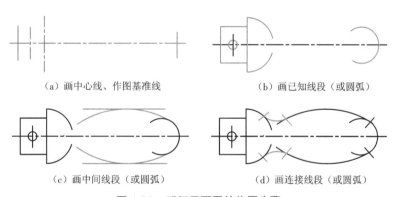

（a）画中心线、作图基准线　　　　（b）画已知线段（或圆弧）

（c）画中间线段（或圆弧）　　　　（d）画连接线段（或圆弧）

图 1-38　手柄平面图的作图步骤

思考题

1. 什么是图纸幅面? 图纸幅面分为哪两类? 加长图幅与基本图幅有什么关系?

2. 什么是图框? 常用图框有哪些种类?

3. 标题栏由哪些区域组成? 简要阐述各区域包含哪些零件或制图信息。

4. 简要阐述机械图样中一般有哪几种图线。机械图样中常用图线的画法有哪些?

5.尺寸标注的基本原则是什么？尺寸由哪几个要素组成？尺寸数字书写时应注意什么？

6.什么是斜度？什么是锥度？

7.什么是基准？什么是定位尺寸？什么是定形尺寸？定位尺寸是否也可能是定形尺寸？

8.一般平面图形的绘制步骤是什么？

单元二　投影法与基本体

```
学习内容:
    1. 掌握投影法的基本概念,正投影的基本性质和规律,理解三视图
的形成及其投影关系;
    2. 熟悉点、线、面的三面投影及其特点,能够正确绘制点、线、面的三
面投影;
    3. 了解基本体的形状特征,熟悉常见基本体的投影特点,能够正确
识读与绘制常见基本体的三视图。
```

任务一　投影法

在日常生活中,人们根据光照射成影的物理现象,提出了用投影在平面上表达空间物体形状的方法,即投影法。所得的图形称为物体的投影,投影所在的平面称为投影面。常用的投影法有两类:中心投影法和平行投影法。

一、投影法的基本知识

1. 中心投影法

投射中心距离投影面有限远,投射时投射线汇交于投射中心的投影法称为中心投影法。如图 2-1 所示,点 S 称为投射中心,自投射中心 S 引出的射线称为投射线(如 SA、SB、SC),平面 H 称为投影面。投射线 SA、SB、SC 与平面 H 的交点 a、b、c 就是空间点 A、B、C 在投影面 H 上的中心投影。$\triangle abc$ 即为空间的 $\triangle ABC$ 在投影面 H 上的投影。

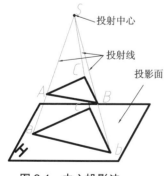

图 2-1　中心投影法

中心投影法

用中心投影法绘制的图形有立体感,但不能真实地反映物体的形状和大小,这种方法常用于绘制建筑物的透视图,但在机械图样中一般不采用。

> **注:**
>
> 　机械制图图样中规定用大写字母表示空间的点,用小写字母表示相应空间点的投影。

2. 平行投影法

投射中心距离投影面无限远,投影时投射线都相互平行的投影法称为平行投影法,如图 2-2 所示。

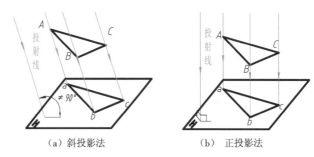

(a)斜投影法　　　　　　(b)正投影法

图 2-2　平行投影法

按投射线与投影面的倾角不同,平行投影法又分为两种。

(1)斜投影法——投射线与投影面相倾斜的平行投影法,如图 2-2(a)所示。这种方法绘制的图样立体感强,但不能反映物体真实的形状和大小,常用于机械图样的辅助图样的绘制。

(2)正投影法——投射线与投影面相垂直的平行投影法,如图 2-2(b)所示。正投影法能够表达物体的真实形状和大小,绘制方法也较简单,已成为机械制图绘图的基本原理与方法。

二、正投影的基本性质

由于正投影法投射线与投影面相互垂直,故其投影具有真实性、积聚性、类似性等基本性质,见表 2-1。

表 2-1　正投影法的基本性质

基本性质	说明	图例	动画演示
真实性	当直线或平面与投影面平行时,直线的投影反映为实长,平面的投影反映为实形		真实性

续表

基本性质	说明	图例	动画演示
积聚性	当直线或平面与投影面垂直时,直线的投影积聚为一点,平面的投影积聚成一条直线	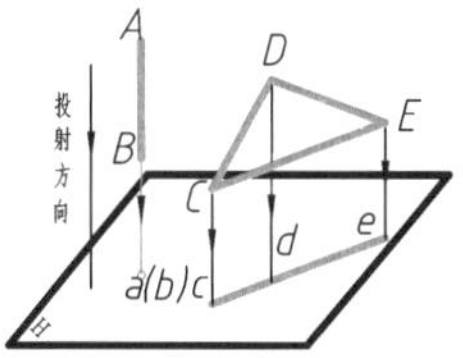	积聚性
类似性	当直线或平面与投影面倾斜时,直线的投影小于直线的实长,平面的投影与平面实形类似且小于平面实形	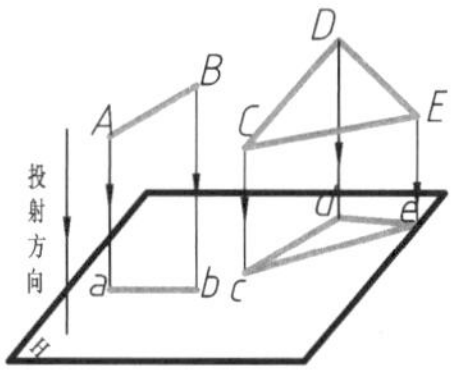	—
定比性	点分线段的比,与其投影之比相等;两平行线段之比与其投影之比相等	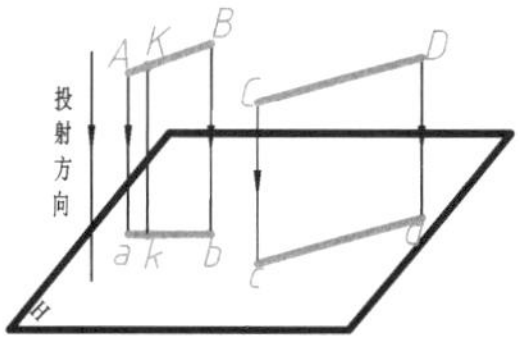	定比性
平行性	相互平行的直线,其投影必定相互平行;相互平行的平面,其积聚性的投影必定相互平行	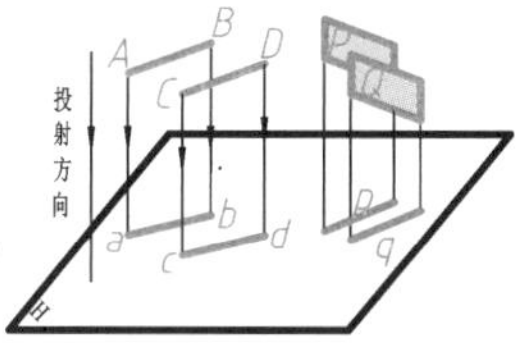	平行性
从属性	直线或曲线上的点,其投影必在该直线或曲线的投影上;平面或曲面上的点、线,其投影必在该平面或曲面的投影上	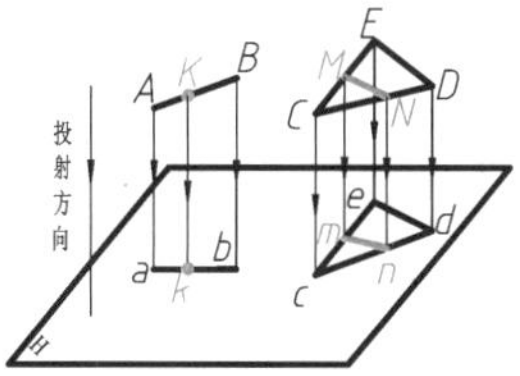	从属性

根据以上正投影法的投影性质可知,当物体的平面和直线与投影面处于平行或垂直的位置时,视图能够反映物体的真实形状和大小。

三、三视图

在机械制图中,通常把相互平行的投射线看作人的视线,而把物体在投影面上的投影称为视图。从上下、左右、前后等方向观察一个物体,相应地有六个基本的投影平面,且分别垂直于六个基本投影方向。物体在基本投影面上的投影称为基本视图,如图 2-3 所示。

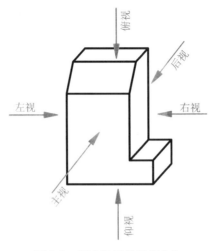

图 2-3　基本视图的投影方向

机件可以用六个或其中几个基本视图来表示,具体采用哪几个视图,要根据具体情况而定。但是,只用一个视图一般不能完全确定物体的形状和大小,如图 2-4 所示。为了准确地反映物体的形状和大小,一般采用多面正投影图。

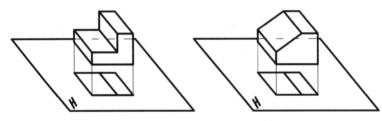

图 2-4　两种不同的立体正投影图相同

1. 三面投影体系

在工程图中,通常采用与物体的长、宽、高相对应的三个相互垂直的投影面,该三投影面形成三投影面体系,如图 2-5 所示。

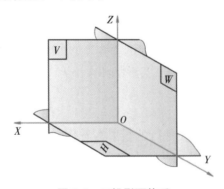

图 2-5　三投影面体系

（1）正立投影面——直立在观察者正对面的投影面,简称正面,用 V 表示。

（2）水平投影面——水平位置的投影面,简称水平面,用 H 表示。

（3）侧立投影面——右侧的投影面,简称侧面,用 W 表示。

三个投影面之间的交线,称为投影轴,V 面与 H 面的交线称为 OX 轴（简称 X 轴）,它代表物体的长度方向;H 面与 W 面的交线称为 OY 轴（简称 Y 轴）,它代表物体的宽度方向;V 面与 W 面的交线称为 OZ 轴（简称 Z 轴）,它代表物体的高度方向,三个投影轴垂直相交的交点 O,称为原点。

三个互相垂直的平面将空间分为八个分角,依次用Ⅰ,Ⅱ,Ⅲ,Ⅳ…表示。

2. 三视图的形成

GB/T 14692—2008 规定:物体的图形按正投影法绘制,并采用第一角投影法。

如图 2-6 所示,将物体置于第一分角内,并使其处于观察者与投影面之间,分别向 V、H、W 面正投影,可得该物体的三个投影。

由前向后投影,在正面上所得视图称为主视图;

由上向下投影,在水平面上所得视图称为俯视图;

由左向右投影,在侧面上所得视图称为左视图。

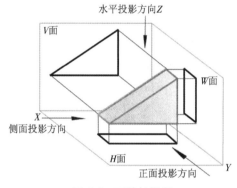

图 2-6 三棱柱投影

三视图的形成

为了方便绘图与读图,三面视图应该画在同一张图纸上,可将三投影面展开。正面 V 保持不动,水平面 H 绕 OX 轴向下旋转 $90°$,侧面 W 绕 OZ 轴向右旋转 $90°$,使三投影面共面,如图 2-7 所示。

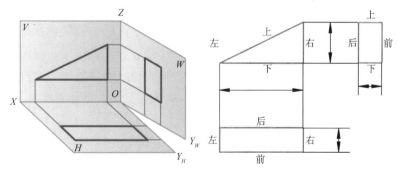

图 2-7 三视图展开

在投影面展开时, OY 轴一分为二,在 H 面上的标记为 OY_H,在 W 面上的标记为

OY_W。展开后得到如图 2-7 右图所示的投影图。

画图时，通常省去投影面的边框和投影轴。在同一张图纸内按图 2-7 所示配置视图时，一律不注明视图的名称。

3. 三视图的投影关系

1）位置关系

以主视图为准，俯视图在主视图的正下方，左视图在主视图的正右方。画物体的三视图时，必须按以上的投影关系配置，主、俯、左三个视图之间必须互相对齐，不能错位。

2）尺寸关系

主视图反映物体的长度和高度，俯视图反映物体的长度和宽度，左视图反映物体的宽度和高度，且每两个视图之间有一定的对应关系。由此，可得到三个视图之间的如下投影关系：

（1）主、俯视图都反映物体的长度，即主、俯视图"长对正"；

（2）主、左视图都反映物体的高度，即主、左视图"高平齐"；

（3）俯、左视图都反映物体的宽度，即俯、左视图"宽相等"。

"长对正、高平齐、宽相等"是物体投影的基本规律，也是画图和看图必须遵循的投影规律。

3）方位关系

物体具有左右、上下、前后六个方位。主视图反映上、下和左、右的相对位置关系，前后则重叠；俯视图反映前、后和左、右的相对位置关系，上下则重叠；左视图反映前、后和上、下的相对位置关系，左右则重叠。

可见，以主视图为准，俯、左视图中靠近主视图一侧均表示物体的后面，远离主视图一侧均表示物体的前面。

四、第三视角投影

目前，国际上使用两种投影制，即第一视角投影和第三视角投影。我国和俄罗斯等国家采用第一视角投影，美国、日本等国家采用第三视角投影。

第一视角投影画法是将物体置于三面投影体系的第Ⅰ角内，使物体处于观察者与投影面之间（即保持人→物→面的位置关系）而得到正投影的方法。前面所讨论的投影画法均为第一视角投影画法。第三视角投影画法是将物体置于三面投影体系的第Ⅲ角内，使投影面处于观察者与物体之间（即保持人→面→物的位置关系）而得到正投影的方法。两者对比如图 2-8 所示。

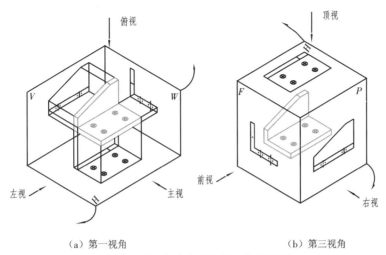

（a）第一视角　　　　　　　　　　　　　（b）第三视角

图 2-8　第一视角投影与第三视角投影

可见,第三视角投影画法是把投影面假想成透明的。顶视图是从物体的上方往下看所得的视图,把所得的视图画在物体上方的投影面(水平面)上。前视图是从物体的前方往后看所得的视图,把所得的视图画在物体前方的投影面(正平面)上。图 2-8 的三视图如图 2-9 所示。

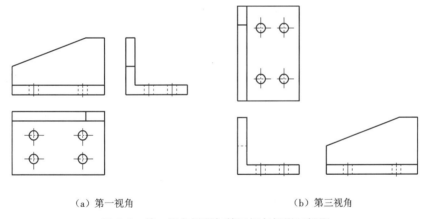

（a）第一视角　　　　　　　　　　　　　（b）第三视角

图 2-9　第一视角投影与第三视角投影三视图

另外,ISO 国际标准中规定,应在标题栏附近画出所采用画法的识别符号。第一视角画法的识别符号如图 2-10(a)所示,第三视角画法的识别符号如图 2-10(b)所示。我国国家标准规定,由于我国采用第一视角画法,因此当采用第一视角画法时无须标出画法的识别符号;当采用第三视角画法时,必须在图样的标题栏附近画出第三视角画法的识别符号。

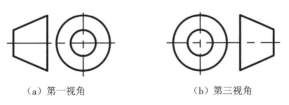

（a）第一视角　　　　　　　　　　　　　（b）第三视角

图 2-10　第一视角画法与第三视角画法的识别符号

任务二　点、线、面的投影

点、线、面是组成几何体的基本几何元素,掌握点、线、面的投影规律,是实现物体与图样的转换和正确表达形体的理论依据,也是绘制零件图样的理论基础。

一、点的投影

1. 点的三面投影

在三面投影体系中有一点 A,过点 A 分别向三个投影面作垂线,得垂足 a、a'、a'',即得点 A 在三个投影面的投影,如图 2-11 所示。

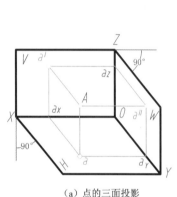

（a）点的三面投影　　　　　（b）点的三面投影展开形式

图 2-11　点的三面投影

点的三面投影

> **提示:**
> 为了统一,规定空间点用大写字母表示,如 A、B;水平投影用相应的小写字母表示,如 a、b;正面投影用相应的小写字母加撇表示,如 a'、b';侧面投影用相应的小写字母加两撇表示,如 a''、b''。如空间点 A 的三面投影为 (a, a', a'')。

2. 点的投影规律

由图 2-11 分析可知,点的三面投影普遍具有以下规律:

（1）点的正面投影和水平投影的连线垂直于 OX 轴,即 $a'a \perp OX$;

（2）点的正面投影和侧面投影的连线垂直于 OZ 轴,即 $a'a'' \perp OZ$;

（3）点的水平投影 a 到 OX 轴的距离等于侧面投影 a'' 到 OZ 轴的距离,即 $aa_x = a''a_z$。

3. 点的三面投影与直角坐标

空间点 A 到三个投影面的距离可分别用它的直角坐标 x、y、z 表示。点的坐标规定书写形式为 $A(x, y, z)$,如 $A(30, 10, 20)$,如图 2-12 所示。

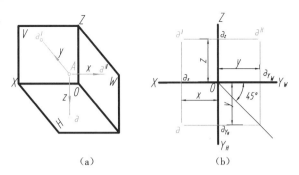

（a）　　　　　　　　　（b）

图 2-12　点的三面投影与直角坐标

4. 两点的相对位置

根据两点的三面投影坐标可判断两点的相对位置：

（1）根据 x 坐标值的大小可以判断两点的左右位置；

（2）根据 z 坐标值的大小可以判断两点的上下位置；

（3）根据 y 坐标值的大小可以判断两点的前后位置。

如图 2-13 所示，点 B 的 y 和 x 坐标均大于点 A 的相应坐标，而点 B 的 z 坐标小于点 A 的 z 坐标，因而点 B 在点 A 的前方、左方、下方。

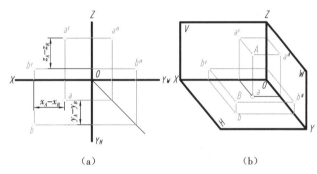

（a）　　　　　　　　　（b）

图 2-13　两点的相对位置

5. 重影点与可见性

若 A、B 两点无左右、前后距离差，点 A 在点 B 正上方或正下方时，两点的 H 面投影重合，点 A 和点 B 称为对 H 面投影的重影点。

如图 2-14 中的 A、B 两点在水平面中的投影为重影点。

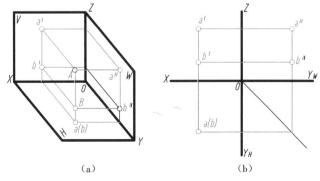

（a）　　　　　　　　　（b）

图 2-14　重影点的投影

重影点需判别可见性：根据正投影特性，可见性的区分应是前遮后、上遮下、左遮右，即坐标值大者可见。

> **注：**
>
> 　两点的同面投影重合，可见投影不加括号，不可见投影加括号，如 A、B 两点的水平投影 a 和 b，b 不可见，需加括号，写为(b)。

例：如图 2-15（a）所示，已知点 B 的正面投影 b' 和水平投影 b，求作其侧面投影 b''。

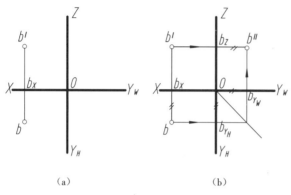

图 2-15　已知点的两面投影求第三面投影　　　　　　　求点的第三面投影

分析：根据点的投影规律可知：$b''b' \perp OZ$，$bb_x = b''b_z$。

作图：如图 2-15（b）所示，过 b' 点作 OZ 轴的垂线，交 OZ 轴于 b_z，在 $b'b_z$ 的延长线上截取 $b''b_z = bb_x$，便求得 b'' 点。

为了作图简便，也可自点 O 作辅助线（与水平方向夹角为 45°），以表明 $b''b_z = bb_x$ 的关系。

二、线的投影

1. 直线的投影

一般情况下，直线的投影仍是直线，如图 2-16 中的直线 AB。特殊情况下，若直线垂直于投影面，直线的投影可积聚为一点，如图 2-16 中的直线 CD。

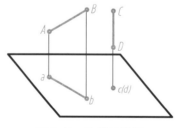

图 2-16　直线的投影

直线的投影可由直线上两点的同面投影连接得到，分别作出直线上两点 A、B 的三面投影，将其同面投影相连，即得到直线 AB 的三面投影图。

2. 各种位置直线的投影特性

根据直线的位置可将其分为投影面平行线、投影面垂直线和一般位置直线三类。

1）投影面平行线

平行于一个投影面而同时倾斜于另外两个投影面的直线称为投影面平行线。

平行于 V 面的直线称为正平线，平行于 H 面的直线称为水平线，平行于 W 面的直线称为侧平线，直线与投影面所夹的角称为直线对投影面的倾角，α、β、γ 分别为直线对 H 面、V 面、W 面的倾角。投影面平行线的投影特性见表 2-2。

表 2-2　投影面平行线的投影特性

名称	正平线（//V）	水平线（//H）	侧平线（//W）
立体图			
投影图			
投影特性	（1）正面投影 $a'\,b'$ 反映实长； （2）正面投影 $a'\,b'$ 与 OX 轴和 OZ 轴的夹角 α、γ 分别为 AB 对 H 面和 W 面的倾角； （3）水平投影 ab // OX 轴，侧面投影 $a''\,b''$ // OZ 轴，且都小于实长	（1）水平投影 cd 反映实长； （2）水平投影 cd 与 OX 轴和 OY_H 轴的夹角 β、γ 分别为 CD 对 V 面和 W 面的倾角； （3）正面投影 $c'\,d'$ // OX 轴，侧面投影 $c''\,d''$ // OY_W，且都小于实长	（1）侧面投影 $e''\,f''$ 反映实长； （2）侧面投影 $e''\,f''$ 与 OZ 轴和 OY_W 轴的夹角 β 和 α 分别为 EF 对 V 面和 H 面的倾角； （3）正面投影 $e'\,f'$ // OZ 轴，水平投影 ef // OY_H，且都小于实长

从表 2-2 中可得出投影面平行线的投影特性如下。

（1）直线平行于哪个投影面，它在该投影面上的投影反映空间线段的实长，并且这个投影和投影轴所夹的角度，就等于空间线段对相应投影面的倾角。

（2）直线在其他两个投影面的投影都小于空间线段的实长，而且与相应的投影轴平行。

投影面平行线的辨认：当直线的投影有两个平行于投影轴，第三投影与投影轴倾斜时，则该直线一定是投影面平行线，且一定平行于其投影为倾斜线的那个投影面。

2）投影面垂直线

垂直于一个投影面且同时平行于另外两个投影面的直线称为投影面垂直线。

垂直于 V 面的直线称为正垂线；垂直于 H 面的直线称为铅垂线；垂直于 W 面的直线称为侧垂线。

表 2-3 为投影面垂直线的投影特性。

表 2-3　投影面垂直线的投影特性

名称	正垂线（⊥V）	铅垂线（⊥H）	侧垂线（⊥W）
立体图	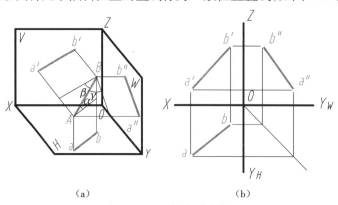		
投影图			
投影特性	（1）投影 b′（a′）积聚成一点； （2）水平投影 ba、侧面投影 b″a″ 都反映实长，且 ba⊥OX，b″a″⊥OZ	（1）投影 c（d）积聚成一点； （2）正面投影 c′d′、侧面投影 c″d″ 都反映实长，且 c′d′⊥OX，c″d″⊥OY_W	（1）投影 e″（f″）积聚成一点； （2）正面投影 e′f′、水平投影 ef 都反映实长，且 e′f′⊥OZ，ef⊥OY_H

由表 2-3 可见，投影面垂直线的投影特征如下。

（1）直线垂直于哪个投影面，它在该投影面上的投影积聚为一点。

（2）直线在其他两个投影面上的投影都与相应的投影轴垂直，并且都反映空间线段的实长。

投影面垂直线的辨认：直线的投影中只要有一个投影积聚为一点，则该直线一定是投影面垂直线，且一定垂直于其投影积聚为一点的那个投影面。

3）一般位置直线

与三个投影面都处于倾斜位置的直线称为一般位置直线，如图 2-17 所示。

（a）　　　　　　　　　　（b）

图 2-17　一般位置直线

由图 2-17 可见,一般位置直线在三个投影面上的投影都不反映实长(均小于实长),投影和投影轴均倾斜,且投影与投影轴之间的夹角也不反映直线与投影面之间的倾角。

一般位置直线的判定:直线的投影如果与三个投影轴都倾斜,则可判定该直线为一般位置直线。

3. 两直线的相对位置

两直线在空间的相对位置有三种情况:平行、相交和交叉。

1)两直线平行

空间两直线平行,其同面投影必相互平行,如图 2-18 所示。

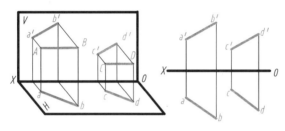

图 2-18　两直线平行

2)两直线相交

空间两直线相交,其同面投影也一定相交,交点是两直线的共有点,它应符合点的投影规律,如图 2-19 所示。相交两直线是同面直线。

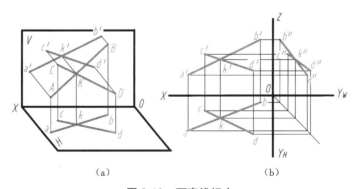

（a）　　　　　　　　　　　　　（b）

图 2-19　两直线相交

3)两直线交叉

空间两直线既不平行也不相交,则两直线交叉。

若空间两直线交叉,则它们的同面投影必不同时平行,或者同面投影虽然相交,但其交点不符合点的投影规律,如图 2-20 所示。

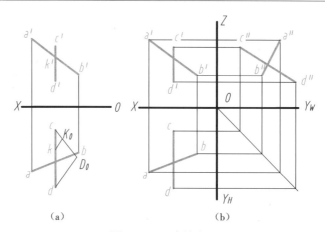

（a）   （b）

图 2-20   两直线交叉

例：如图 2-21（a）所示，已知侧平线 AB 的两投影和直线上点 C 的正面投影 c'，求点 C 的水平投影 c。

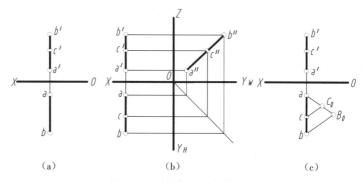

（a）   （b）   （c）

图 2-21   求直线上点的投影

方法一：根据直线上点的各个投影必定在该直线的同面投影上特性。

作图方法与步骤如图 2-21（b）所示：

①作出 AB 的侧面投影 $a''b''$，同时作出点 C 的侧面投影 c''；

②根据点的投影规律，由 c'、c'' 求出 c。

方法二：根据直线投影的定比性。

作图方法与步骤如图 2-21（c）所示：

①过 a 作任意辅助线，在辅助线上量取 $aC_0 = a'c'$，$C_0B_0 = c'b'$；

②连接 B_0、b，并过 C_0 作 $C_0c // B_0b$，交 ab 于点 c，c 即为所求的水平投影。

三、直角投影定理

当互相垂直的两直线同时平行于同一投影面时，则其在该投影面上投影的夹角仍为直角；当互相垂直的两直线都不平行于某一投影面时，则其在该投影面上投影的夹角不是直角。除上述两种情况外，这里将要讨论一边平行于投影面的直角的投影规律，即直角投影定理。

　　空间垂直相交的两直线,若其中一直线平行于某投影面,则在该投影面的投影仍为直角;反之,若相交两直线在某投影面上的投影为直角,且其中有一直线平行于该投影面,则这两直线在空间必互相垂直,这就是直角投影定理。

直角定理

　　例:如图 2-22 所示,已知 $AB \perp BC$,且 AB 为水平线,所以 ab 必垂直于 bc。

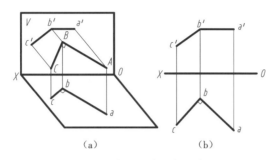

（a）　　　　　　　　（b）

图 2-22　垂直相交的两直线的投影

　　例:用直角三角形法求线段实长及对投影面的倾角。请扫码浏览动画演示绘图过程。

　　例:求点 A 到直线 BC 的距离,如图 2-23(a)所示。

　　分析:已知直线 BC 为水平线,根据直角投影定理,由点 A 作 BC 的垂线,其水平投影垂直于 bc。

直角三角形法求实长及对投影面的倾角

　　作图方法与步骤如图 2-23(b)所示:

　　①过点 a 作 bc 的垂线,得交点 k,即垂足的水平投影;

　　②过点 k 作 OX 轴的垂线,与 $b'c'$ 交于 k',即垂足的正面投影;

　　③用直角三角形法求出距离实长,$a\,a_0$ 即为所求。

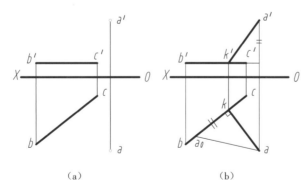

（a）　　　　　　　　（b）

图 2-23　求点到直线的距离

　　例:如图 2-24(a)所示,已知菱形 $ABCD$ 的一条对角线 AC 为一正平线,菱形的一边 AB 位于直线 AM 上,求该菱形的投影图。

　　分析:菱形的两条对角线互相垂直,且其交点平分对角线的线段长度。

作图方法与步骤如图 2-24(b)所示:

①在对角线 AC 上取中点 K,即使 $a'k' = k'c'$,$ak = kc$,点 K 也必定为另一对角线的中点;

②由于 AC 是正平线,所以另一对角线的正面投影必定垂直 AC 的正面投影 $a'c'$,因此过 k' 作 $k'b' \perp a'c'$,并与 $a'm'$ 交于 b',由 $k'b'$ 求出 kb;

③在对角线 KB 的延长线上取一点 D,使 $KD = KB$,即 $k'd' = k'b'$,$kd = kb$,则 $b'd'$ 和 bd 即为另一对角线的投影,连接各点即为菱形 $ABCD$ 的投影。

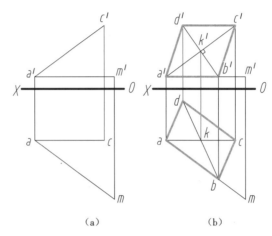

（a）　　　　　　　　（b）

图 2-24　求菱形的投影图

四、面的投影

1. 平面的表示法

平面有多种表示方法,如图 2-25 所示。

（1）不在同一直线上的三点,如图 2-25(a)所示。

（2）一条直线和不属于该直线的一点,如图 2-25(b)所示。

（3）相交两直线,如图 2-25(c)所示。

（4）平行两直线,如图 2-25(d)所示。

（5）任意平面图形,如三角形、四边形、圆形等,如图 2-25(e)所示。

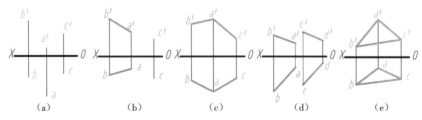

(a)　　　　(b)　　　　(c)　　　　(d)　　　　(e)

图 2-25　平面的表示法

2.各种位置平面的投影

根据在三投影面体系中的位置,平面可分为投影面平行面、投影面垂直面及一般位置平面三类。

1)投影面平行面

平行于一个投影面而同时垂直于另外两个投影面的平面称为投影面平行面。平行于 V 面的平面称为正平面;平行于 H 面的平面称为水平面;平行于 W 面的平面称为侧平面。

表2-4为投影面平行面的立体图、投影图及投影特性。

表2-4 投影面平行面的投影特性

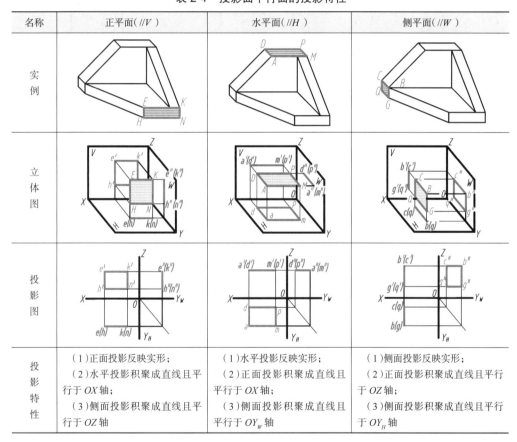

名称	正平面(//V)	水平面(//H)	侧平面(//W)
实例			
立体图			
投影图			
投影特性	(1)正面投影反映实形; (2)水平投影积聚成直线且平行于 OX 轴; (3)侧面投影积聚成直线且平行于 OZ 轴	(1)水平投影反映实形; (2)正面投影积聚成直线且平行于 OX 轴; (3)侧面投影积聚成直线且平行于 OY_W 轴	(1)侧面投影反映实形; (2)正面投影积聚成直线且平行于 OZ 轴; (3)侧面投影积聚成直线且平行于 OY_H 轴

由表2-4可见,投影面平行面的投影特征如下。

(1)平面平行于哪个投影面,在该投影面上的投影反映空间平面的实形。

(2)平面在其他两个投影面上的投影都积聚为直线,而且与相应的投影轴平行。

投影面平行面的辨认:当平面的投影有两个分别积聚为平行于不同投影轴的直线,而且只有一个投影为平面时,则此平面平行于该投影所在的那个平面。

2)投影面垂直面

垂直于一个投影面而同时倾斜于另外两个投影面的平面称为投影面垂直面。垂直于 V 面的平面称为正垂面;垂直于 H 面的平面称为铅垂面;垂直于 W 面的平面称为侧垂面。平面与投影面所夹的角称为平面对投影面的倾角。α、β、γ 分别为平面对 H 面、V 面、W 面的倾角。

表 2-5 为投影面垂直面的立体图、投影图及投影特性。

表 2-5　投影面垂直面的投影特性

名称	正垂面($\perp V$)	铅垂面($\perp H$)	侧垂面($\perp W$)
立体图			
投影图			
投影特性	(1)正面投影积聚成一条直线,它与 OX 轴和 OZ 轴的夹角 α、γ 分别为平面对 H 面和 W 面的真实倾角; (2)水平投影和侧面投影都是类似形	(1)水平投影积聚成一条直线,它与 OX 轴和 OY_H 轴的夹角 β、γ 分别为平面对 V 面和 W 面的真实倾角; (2)正面投影和侧面投影都是类似形	(1)侧面投影积聚成一条直线,它与 OZ 轴和 OY_W 轴的夹角 β 和 α 分别为平面对 V 面和 H 面的真实倾角; (2)正面投影和水平投影都是类似形

由表 2-5 可见,投影面垂直面的投影特征如下。

(1)平面垂直于哪个投影面,它在该投影面上的投影积聚为一直线且与投影轴倾斜,并且这个投影和投影轴所夹的角度,就等于空间平面对相应投影面的倾角。

(2)平面在其他两个投影面上的投影都是空间平面的类似形。

投影面垂直面的辨认:如果空间平面在某一投影面上的投影积聚为一条与投影轴倾斜的直线,则此平面垂直于该投影面。

3)一般位置平面

与三个投影面均处于倾斜位置的平面称为一般位置平面。

例如平面△ ABC 与 H、V、W 面都处于倾斜位置,倾角分别为 α、β、γ,其投影如图 2-26 所示。

一般位置平面的投影特征可归纳为:一般位置平面的三面投影,既不反映实形,也无积聚性,而且都为类似形。

一般位置平面的辨认:如果平面的三面投影都是类似的几何图形的投影,则可判定该平面一定是一般位置平面。

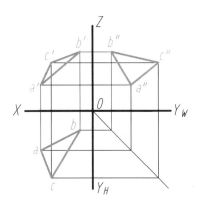

图 2-26　一般位置平面

3. 平面内的直线和点

1)平面内的点

点位于平面内的几何条件是点在平面内的一条直线上。

平面内取点的一般方法为先在平面内取一条直线,然后再在该直线上取点,这也是在平面的投影图上确定点所在位置的依据。

如图 2-27 所示,相交两直线 AB、AC 确定一平面 P,点 K 取自直线 AB,所以点 K 必在平面 P 上。

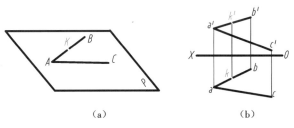

（a）　　　　　　　　　　（b）

图 2-27　平面内的点

2)平面内的直线

直线若满足以下任一条,则直线在平面内。

（1）若一条直线通过平面上的两个点,则此直线必定在该平面内。

（2）若一条直线通过平面内的一点且平行于平面内的另一直线,则此直线必定在该平面内。

如图 2-28 所示,相交两直线 AB、AC 确定一平面 P,分别在直线 AB、AC 上取点 E、F,连接 E、F,则直线 EF 为平面 P 上的直线。作图方法如图 2-28(b)所示。

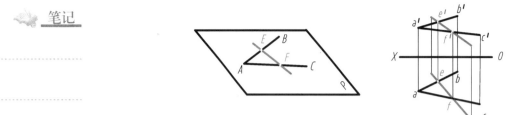

图 2-28　平面上的直线

例:如图 2-29(a)所示,试判断点 K 和点 M 是否属于△ ABC 所确定的平面。

分析:点 K 和点 M 若属于△ ABC,则它们必分别属于平面△ ABC 上的某一直线,否则就不属于该平面。

作图方法与步骤如图 2-29(b)、(c)所示。

①连接 a'、m' 交 $b'c'$ 于 d' 点,由 d' 在 bc 上求得 d 点,连 a、d 点,作出属于△ ABC 的直线 AD,从图 2-29(b)中看到延长 ad 后与 m 相交,即 m 在 ad 上,所以可判定点 M 属于平面△ ABC。

②同理,连接 c'、k' 交 $a'b'$ 于点 e',由 e' 在 $a'b'$ 上求得点 e,连 c、e 点,得到属于△ ABC 的另一直线 CE,从图 2-29(c)中看到,连线 ce 未过 k,故点 K 不在直线 CE 上,表明点 K 不属于平面△ ABC。

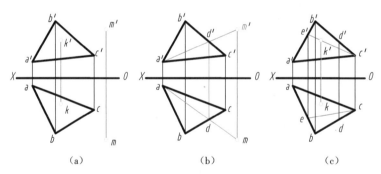

图 2-29　判断点是否属于平面

4. 直线与平面的相对位置

直线与平面平行的判断依据:若平面外一条直线与平面内一条直线平行,则该直线与该平面平行。

如图 2-30(a)和(b)所示,直线 MN 位于△ ABC 内,直线 DE 为△ ABC 外一条直线,DE // MN,故 DE // △ ABC。

若直线与平面相交,则其交点为直线与平面的公共点。因此,交点的投影既符合平面内点的投影特性,又符合直线上点的投影特性。

直线与平面相交,从某个方向投射时,彼此之间存在相互遮挡关系,交点作为直线可见段与不可见段的分界点,因此求出交点后,还需判别其可见性。

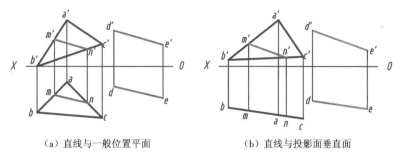

(a) 直线与一般位置平面　　　　(b) 直线与投影面垂直面

图 2-30　直线与平面平行

例:求直线 MN 与△ABC 的交点 K 并判别其可见性,如图 2-31(a)所示。

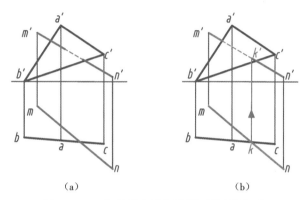

(a)　　　　　　　　(b)

图 2-31　一般位置直线与投影面垂直面相交

分析:根据交点的共有性,交点 K 的投影既在直线 MN 的投影上,也在△ABC 的投影内,如图 2-31(b)所示。

①求交点:△ABC 的水平投影有积聚性,根据交点的共有性可确定交点 K 的水平投影 k,再利用点 K 位于直线 MN 上的投影特性,采用线上找点的方法求出交点 K 的正面投影 k'。

②判别可见性:由水平投影可知,KN 在平面之前,故正面投影 $k'n'$ 可见,而 $k'm'$ 与△$a'b'c'$ 的重叠部分不可见,用虚线表示。

例:已知平面 ABC,补画直线 DE 的投影,如图 2-32 所示。

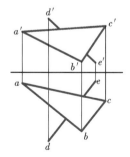

图 2-32　补画直线 DE 的投影

补画投影

任务三　基本体及其投影

基本几何体是由各种表面围成的实体,简称基本体。如图2-33所示。

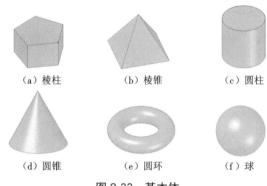

（a）棱柱　　　　　（b）棱锥　　　　　（c）圆柱

（d）圆锥　　　　　（e）圆环　　　　　（f）球

图2-33　基本体

按表面几何形状的不同,基本体可分为表面全部为平面的平面立体和表面均为曲面或由平面与曲面共同围成的曲面立体。当曲面立体的曲面为回转面时,其又称为回转体。

一、棱柱及其投影

棱柱由两个底面和若干侧棱面组成,侧棱面与侧棱面的交线称为侧棱线,侧棱线互相平行。侧棱线与底面垂直的棱柱称为直棱柱,底面各边相等的棱柱称为正棱柱。

下面以正六棱柱为例,说明棱柱的投影,如图2-34所示。

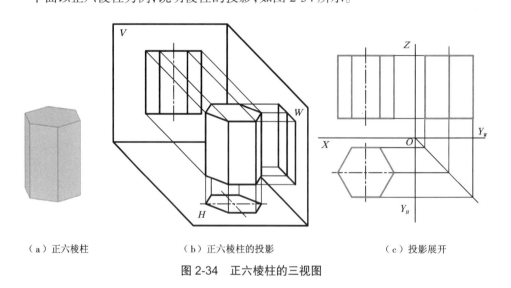

（a）正六棱柱　　　　　（b）正六棱柱的投影　　　　　（c）投影展开

图2-34　正六棱柱的三视图

1. 形体分析

正六棱柱是由两个形状、大小完全相同的正六边形的顶面、底面和六个矩形侧面及六条侧棱所组成。其顶面和底面是大小相同的两个水平面,左右四个侧棱面为铅垂面,前后两个侧棱面为正平面,六条侧棱线为铅垂线。

2. 投影分析

俯视图的正六边形为六棱柱顶面与底面的实形,也是特征形;六个侧棱面分别积聚在六条边上。主、左视图上的矩形框分别为侧棱面的类似形。

3. 作图方法与步骤

(1)画出反映顶面和底面实形(正六边形)的水平投影,如图 2-34(b)所示。

(2)根据"长对正、高平齐、宽相等"的投影规律画出其余两个投影视图。

二、棱锥及其投影

棱锥是由一个底面和几个侧面所围成。棱锥侧面的交线称为棱线,棱线汇交的点称为锥顶。底面各边相等的棱锥称为正棱锥。

1. 形体分析

如图 2-35 所示,三棱锥的底面 ABC 为水平面,俯视图反映实形;后侧面 SAC 是侧垂面,在左视图上有积聚性;左、右两侧面 SAB、SBC 为一般位置平面。

2. 作图方法与步骤

(1)画出反映锥底 ABC 实形的水平投影及有积聚性的正面、侧面投影。

(2)确定锥顶 S 的三面投影。

(3)分别连接锥顶 S 与锥底各顶点的同面投影,从而画出各侧棱线的投影。

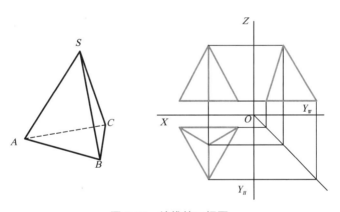

图 2-35 棱锥的三视图

三、圆柱及其投影

1. 圆柱的形成

圆柱由圆柱面和顶圆平面、底圆平面组成。如图 2-36 所示,圆柱面可看成由一条直母线 AA_1 绕与它平行的轴线 OO_1 旋转而成。

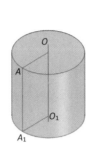
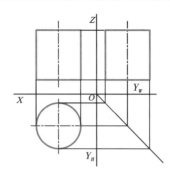

图 2-36　圆柱体的形成及三视图

2. 形体分析

圆柱的轴线垂直于 H 面，素线都是铅垂线，圆柱面为铅垂面，在俯视图上积聚为一个圆，其主视图和左视图上的轮廓线为圆柱面上最左、最右和最前、最后转向轮廓线的投影。圆柱的顶圆平面和底圆平面为水平面，水平投影为圆（反映实形），另两个投影积聚为直线。

3. 作图方法与步骤

（1）画俯视图的中心线及轴线的正面和侧面投影，中心线必须以细点画线画出。

（2）画投影为圆的俯视图。

（3）根据"长对正、高平齐、宽相等"的投影关系画出主视图和左视图。

四、圆锥及其投影

1. 圆锥的形成

圆锥体由圆锥面和一个底面组成。如图 2-37 所示，圆锥面可看成是直线 SA 绕与它相交的轴线 OO_1 旋转而成。运动的直线 SA 称为母线，圆锥面上过锥顶 S 的任一直线称为圆锥面的素线。

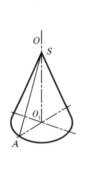
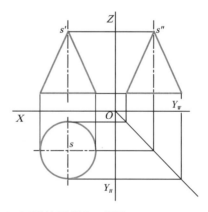

图 2-37　圆锥的形成及三视图

2. 圆锥的投影

如图 2-37 所示，当圆锥体的轴线垂直于 H 面时，其俯视图为圆，主视图及左视图为两个全等的等腰三角形,三角形的底边为圆锥底面的投影,两个等腰三角形的腰分别为圆锥面的轮廓素线的投影。圆锥面的三个投影都没有积聚性。

3. 作图方法与步骤

（1）画俯视图的中心线及轴线的正面、侧面投影（细点画线）。

（2）画俯视图的圆。

（3）按圆锥体的高确定顶点 S 的投影,并按"长对正、高平齐、宽相等"的关系画出另两个视图（等腰三角形）。

五、圆球及其投影

1. 圆球的形成

如图 2-38 所示,圆球可看成是半圆形的母线绕其直径 OO_1 旋转而成。

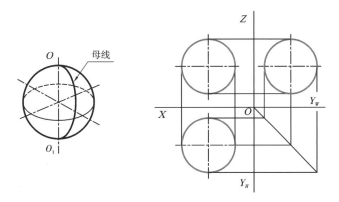

图 2-38　圆球的形成及三视图

2. 圆球的投影

圆球的三个视图均为大小相等的圆（圆的直径和球的直径相等）,它们分别是球的三个方向的轮廓圆的投影。

思考题

1. 如何理解正投影的 6 个基本性质,试举例阐明。

2. 三视图如何形成且分别具有什么投影关系？

3. 三视图具有什么投影关系,试选一例题分析其投影关系。

4. 如何判别重影点的可见性？ 如何标注不可见性的点的投影？

5. 如何根据投影判别投影面平行线、投影面垂直线和一般位置直线？

6. 若空间两直线交叉,其同面投影的交叉点是否符合点的投影规律？

7. 如何根据投影判别投影面垂直面、投影面平行面和一般位置平面？

8. 试分析如何绘制五棱柱基本体的投影并练习绘制。

笔记

笔记

单元三　组合体及截切与相贯

> **学习内容:**
> 　　1. 掌握相贯与截切、相贯线与截交线的概念及其性质;
> 　　2. 熟悉平面与圆柱、圆锥、圆球的截交线特点,掌握求截交线的分析方法及其绘制步骤,能够正确绘制常见截交线;
> 　　3. 熟悉常见相贯线特点,掌握求相贯线的分析方法及其绘制步骤,能够正确绘制常见相贯线;
> 　　4. 了解组合体的组合方式及其表面连接关系,掌握形体分析法和线面分析法,能够绘制、识读一般组合体的三视图。

任务一　截切及截交线

一、截切与截交线

机件上的某些部分常由平面与立体相交形成,相交处会形成交线。为了清楚地表达物体的形状,画图时应当正确绘制这些交线的投影。

平面截去立体的一部分,称为截切;所产生的交线,称为截交线。该平面称为截平面,截交线围成的平面称为截切面。

如图 3-1 所示,平面与回转体相交时,截交线是截平面与回转体表面的共有线。截交线的形状与立体形状、截平面的相对位置有关。可见,截交线具有以下特性。

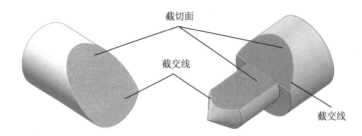

图 3-1　平面与回转体相交

(1)截交线上的点既在截平面上又在回转体表面上,具有共有性。
(2)截交线通常是一封闭的平面图形,具有封闭性。

> **注：**
> 　　回转体的截交线一般为平面曲线,特殊情况下是直线组成的平面图形或曲线和直线组成的平面图形。

二、圆柱的截交线

按截平面与圆柱的相对位置不同,圆柱的截交线可分为三种情况,见表 3-1。

表 3-1　圆柱的截交线

截平面的位置	截交线的形状	立体示意图	投影图
平行于轴线	两平行直线		
垂直于轴线	圆		
倾斜于轴线	椭圆		

三、圆锥的截交线

根据截平面与圆锥的相对位置不同,圆锥的截交线可分为五种情况,见表 3-2。

表 3-2　圆锥的截交线

截平面位置	截交线的形状	立体图	投影图
与轴线垂直	圆		
与轴线倾斜,不与轮廓素线平行	椭圆		
平行于轮廓素线	抛物线		
平行于轴线,过锥顶除外	双曲线		
过锥顶,不平行于轮廓素线	直线		

四、圆球的截交线

截平面与圆球相交,不管相对位置如何,其截交线都是圆,如图 3-2 所示。

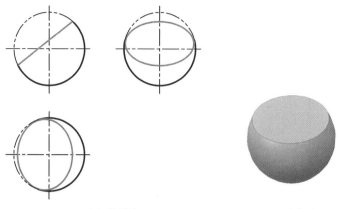

（a）投影图　　　　　　　　　　（b）立体图

图 3-2　圆球的截交线

五、求截交线的步骤及方法

如图 3-3 所示,求截交线一般按照如下步骤进行。

（1）空间分析。分析被截立体的形状和截平面与被截立体的相对位置,以确定截交线的性质和特点。

（2）投影分析。分析截交线与投影面的相对位置,以确定截交线三面投影的性质和特点。

（3）求特殊位置点。以确定截交线的范围。

（4）求一般位置点。以确保作图准确,一般位置点的确定常采用辅助平面法、纬圆法等方法。

（5）判断可见性。绘制截交线。

（6）补充完整轮廓线。补画缺少的轮廓线,擦去多余的轮廓线,准确完成立体截切后的三面投影。

求截交线的常用方法有表面取点法、辅助平面法、素线法等。

（1）表面取点法——平面与立体相交,截平面处于特殊位置,截交线有一个投影或两个投影有积聚性,利用积聚性采用面上取点法,求出截交线上共有点的另外一个或两个投影。

棱柱表面取点　　　　棱锥表面取点　　　　球面取点　　　　圆锥表面取点

例：已知开槽圆柱的主视图及俯视图,试绘制左视图,如图 3-3（a）所示。

分析：开槽圆柱的主体为圆筒，开槽的左右两个侧面为侧平面，截平面为矩形；开槽的底面为水平面，截平面形状为两个不完整的圆环。两个侧面截平面的正投影、水平投影积聚为线，侧面投影为矩形；底面截平面的正投影、侧面投影积聚为线，水平投影反映实形。由截交线的正面投影和水平投影可求出其侧面投影。如图 3-3（b）所示。

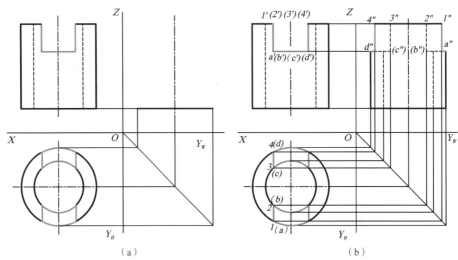

（a）　　　　　　　　　　　　　　　　（b）

图 3-3　利用积聚法求开槽圆柱的左视图

求开槽圆柱的左视图

绘图技巧：

　　按照特殊与普遍的辩证关系，首先绘制特殊点、线、面的三面投影，再根据投影规律完成其他点、线、面的绘制！

　　（2）辅助平面法——在回转面上作出若干平行于投影面的圆（纬圆），并求出它们与截平面的交点。

　　例：已知截切后圆锥的主视图及俯视图，试补画左视图，如图 3-4（a）所示。

　　分析：圆锥轴线为铅垂线，截平面为正平面，故截交线由双曲线和直线组成。截交线的侧面投影反映实形，左右对称；水平投影和正面投影积聚成为竖向直线。左视图中的截交线可采用辅助平面法（纬圆法）求得，如图 3-4（b）所示。

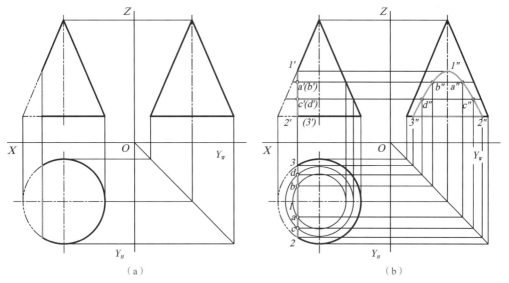

图 3-4　利用纬圆法求圆锥截交线的三面投影

（3）素线法——在回转面取若干条素线，并求出它们与截平面的交点，如图 3-5 所示。

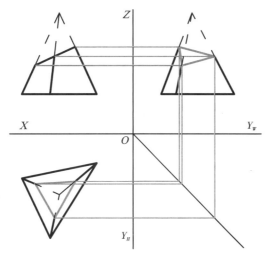

图 3-5　素线法求三棱锥截交线的三面投影

> **注意:**
> 　　检查截交线的形状是否和分析预见一致时，需要特别注意检查截交线投影的类似性以及投影之间的"三等"对应关系；检查截切后形体的投影是否正确时，尤其要检查平面体的棱线及回转体轮廓线的投影。

　　例：半球开通槽，已知其正面投影，补画其他两面投影。请扫码浏览动画演示绘图过程。

截交线的求法

笔记

任务二　相贯及相贯线

一、相贯与相贯线

两立体相交称为相贯，其表面产生的交线称为相贯线。两立体相交后组成的形体，称为相贯体，如图 3-6 所示。相贯线具有以下特性。

图 3-6　回转体相贯

（1）相贯线位于两立体的表面上，具有表面性。

（2）相贯线上的点是两立体表面的共有点，也就是相贯线是两立体表面的共有线，具有共有性。

（3）相贯线一般是闭合的空间图形，具有封闭性。

> **提示：**
> 　　回转体的相贯线通常为空间曲线，特殊情况时是平面曲线或直线。
> 　　相贯线的形状与两相贯体的形状、大小和相对位置有关。

二、常见回转体的相贯线

两回转体相贯通常有正交（两轴线垂直相交）、斜交（两轴线倾斜相交）以及偏交（两轴线相错）三种情况，如图 3-7 所示。

　小技巧：

　　如何培养空间想象能力？由二维图形想象三维图像，由三维图像想象二维图形，专心反复训练，持之以恒！

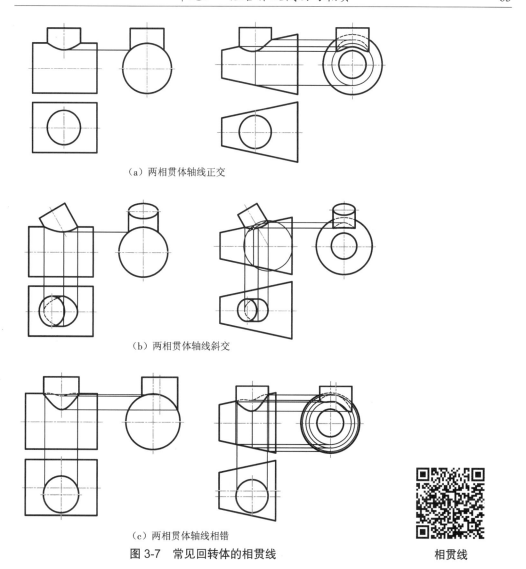

（a）两相贯体轴线正交

（b）两相贯体轴线斜交

（c）两相贯体轴线相错

图 3-7　常见回转体的相贯线

相贯线

提示：

图 3-7 为实体与实体相贯，实体与孔、孔与孔的相贯与其相同，相贯线的形状与作图方法一致。

三、特殊情况下的相贯线

当回转曲面的轴线通过球心或与圆柱和圆锥轴线重合时，相贯线为圆，如图 3-8（a）所示；过两回转面的轴线交点，能作一个两回转面的公切球面时，相贯线为两个椭圆，如图 3-8（b）所示；两柱面轴线平行或两锥面轴线交于锥顶时，相贯线为两直线，如图 3-8（c）所示。

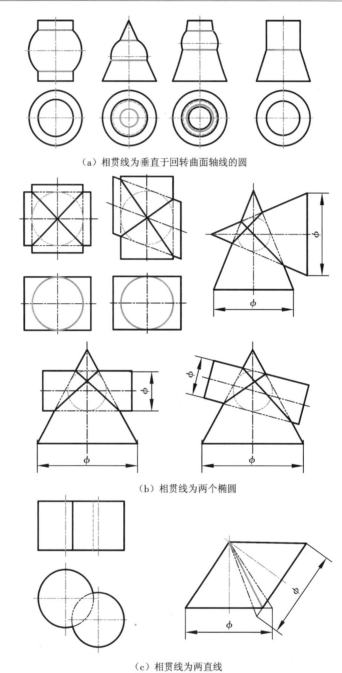

(a)相贯线为垂直于回转曲面轴线的圆

(b)相贯线为两个椭圆

(c)相贯线为两直线

图 3-8　特殊情况下的相贯线

四、相贯线的求解方法与步骤

求相贯线的步骤与求截交线的作图步骤相同,分六步求解。

(1)空间分析。分析相交两立体的空间位置、投影特性和表面在何处相交,以确定相贯线的性质和特点。

（2）投影分析。分析相贯线与投影面的相对位置，以确定相贯线三面投影的性质和特点。

（3）求特殊位置点。主要包括相贯体轮廓线上的点、相贯线上的极限位置（上、下、左、右、前、后）点、相贯线各线段间的分界点，以确定相贯线的范围和大致形状。

（4）求一般位置点。以确保作图准确。

（5）判断可见性。作出相贯线。

（6）补充完整轮廓线。补画出缺少的轮廓线，擦去多余的轮廓线，准确完成立体相贯后的三面投影。

求解相贯线的常用方法有利用积聚性法（如图3-9所示）和辅助平面法（如图3-10所示）。

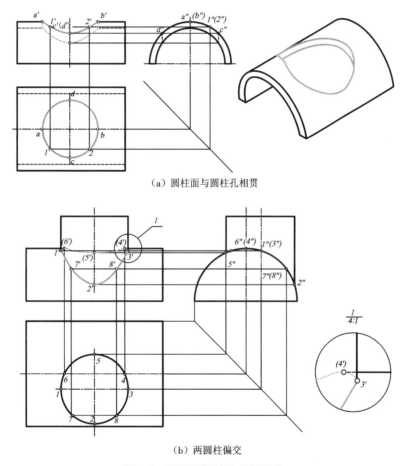

（a）圆柱面与圆柱孔相贯

（b）两圆柱偏交

图3-9 利用积聚性法求相贯线

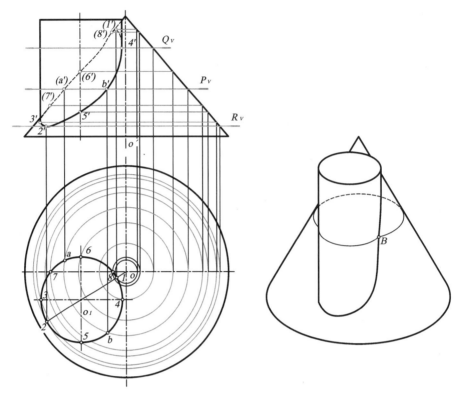

（a）圆柱与圆锥相贯

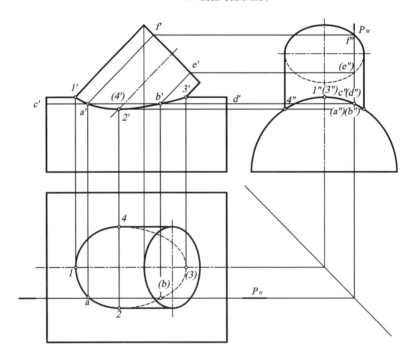

（b）两圆柱相贯

图 3-10　利用辅助平面法求相贯线

注意：

检查相贯线的形状是否和分析预见的一致时，需特别注意检查相贯线投影的类似性以及投影之间的"三等"对应关系；检查相贯线的可见性；检查相贯后形体的投影是否正确，尤其要检查平面体的棱线及回转体轮廓线的投影。

五、飞机制图中相贯线的简化画法

HB 5859.1 规定，图样中的过渡线和相贯线在不致引起误解时，允许用圆弧或直线代替非圆曲线，如图 3-11、图 3-12 所示。

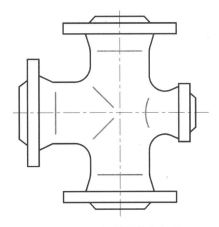

图 3-11   飞机某零件主视图

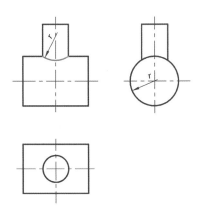

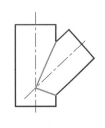

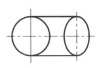

（a）圆弧代替   （b）直线代替

图 3-12   其他相贯线简化画法

任务三　组合体

一、组合体及其组合方式

任何复杂零件从几何形体角度看,均是由一些简单的平面体或曲面体组成,这种若干个基本立体组合起来的物体称为组合体。组合体的组合方式有叠加、切割、综合式等,如图 3-13 和图 3-14 所示。

1. 叠加

如图 3-13(a)所示,一个形体直接和另一个形体叠在一起,而以平面图形为分界线的情况,称为叠加。显然,叠加画法的特点也就是各个形体的投影按其相对位置的简单组合。

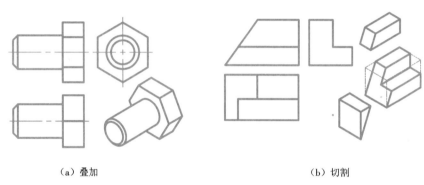

（a）叠加　　　　　　　　　　　　　　　（b）切割

图 3-13　叠加与切割

2. 切割

如图 3-13(b)所示,切掉或挖除立体的部分形体的情况,称为切割。此时,切割体表面产生截交线。

3. 综合式

多数复杂零件,既有叠加组合的部分,也有切割形成的部分,这种组合方式称为综合式,如图 3-14 所示。

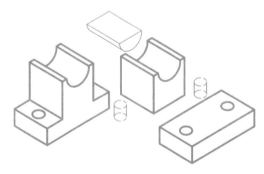

图 3-14　综合式

二、组合体的表面连接关系

组合体的形体表面之间表面有平齐、相切、相交三种连接关系。若组合体的两形体表面平齐(共面)，则表面无线，如图 3-15 所示；若两形体表面相切，则表面无线，如图 3-16 所示；若表面相交，相交处有交线，如图 3-17 所示。

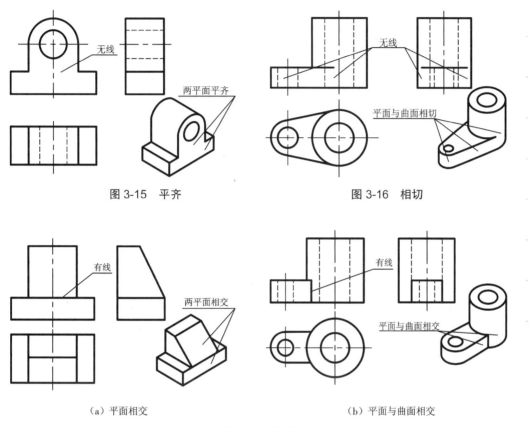

图 3-15　平齐　　　　　　　　　　图 3-16　相切

（a）平面相交　　　　　　　　　　（b）平面与曲面相交

图 3-17　相交

三、组合体的分析方法

1. 形体分析法

按照组合体的形状特征，将其分解为若干基本体或简单立体，并分析其构成方式、相对位置和表面连接关系的方法称为形体分析法。形体分析法是组合体分析的主要方法。

例：分析如图 3-18 所示的轴承座零件时，可假想将该零件分解为底板Ⅰ、肋板Ⅱ、支撑板Ⅲ、套筒Ⅳ四部分，它们左右对称叠加在一起。支撑板与底板后面共面；支撑板与套筒、肋板与套筒相交，表面有交线；支撑板的左右两侧面与套筒表面相切，无线。

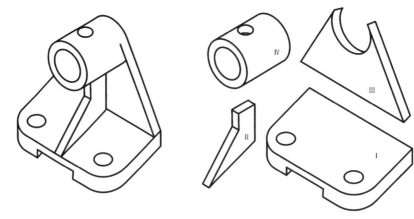

图 3-18　轴承座(形体分析)

在绘图和标注尺寸时,运用形体分析法可以将复杂形体简化为若干基本体或简单立体,降低绘图难度;阅读图纸时,运用形体分析法可以从读懂简单形体入手,看懂复杂的组合体。

2. 线面分析法

运用线面的空间性质和投影规律,分析形体表面的投影,进行绘图或读图的方法,称为线面分析法。

由投影知识可知,形体的投影实际上是形体表面的投影,而表面的投影是组成该表面所有轮廓线的投影。因此,形体的投影中每个封闭线框均表示形体的某个表面(相切除外);每条线或表示具有积聚性的面,或表示相邻两个表面的交线,或表示回转面的转向线。这些面或线的三个视图之间必定符合投影规律。

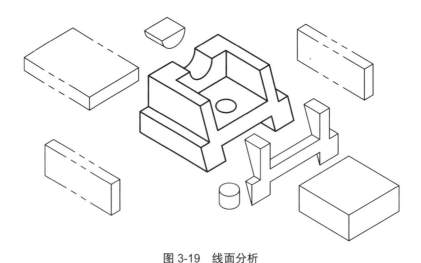

图 3-19　线面分析

四、组合体三视图的画法

画组合体的三视图时,应采用形体分析法把组合体分解为几个基本几何体,然后按它们的组合关系和相对位置逐步画出三视图,建议按下列步骤分析绘制三视图。

1)步骤一:形体分析

首先应分析组合体形状和形体特点以及表面之间的相互关系,分析形体之间的分界线特点,为选择和确定视图画法打下基础。

2)步骤二:视图选择

通常要求主视图能较多地表达物体的总体形状特征,即尽量把组成部分的形状和相互关系在主视图上显示出来,并使主要平面平行于投影面,以便投影能表达实形。

主视图选定以后,根据表达需要确定俯视图、左视图等其他视图。注意,只要能准确、无异议地表达清楚形体的结构,并非任何组合体都需三个视图。

例: 如图 3-18 所示的轴承座,以套筒正前方所得视图,满足了上述的基本要求,可作为主视图;对底板来说,需要水平投影来表达它的形状和两孔中心的位置;对肋板来说,则需要侧面投影表达。因此,轴承座选三个视图是必要的。

3)步骤三:选比例、定图幅

视图确定后,要根据实物的大小选定作图比例和图幅大小,并且要符合国家标准的规定;同时注意所选幅面大小要留有余地,以便标注尺寸、画标题栏及写说明等。

4)步骤四:布置视图

布图时,要根据各视图每个方向的最大尺寸和视图预留空间,以确定每个视图的位置。视图间的空间,应保证在标注尺寸后尚有适当距离;并且布置要匀称,不宜偏向一个视图,如图 3-20 所示。

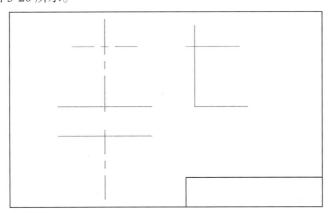

图 3-20　轴承座的视图布置

5)步骤五:绘制底稿线

先绘制每个视图的对称轴线、大圆中心线及其对应的回转轴线、视图基线(如底板底面)等。

绘图时,一般从主视图到俯视图和左视图;先画主要部分,后画次要部分;先画主要的圆和圆弧,后画直线;先画看得见的部分,后画看不见的部分。

根据轴承座选定的主视方向,套筒轴线为正垂线,其他几个组成部分和投影面的相对位置随之而定。先画套筒、底板等主要部分可见轮廓的投影;后画支撑板、肋板等次要部分的投影;最后完成细节和补画必要的虚线,如图 3-21 和图 3-22 所示。

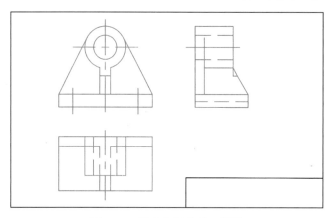

图 3-21　画出各形体的三视图

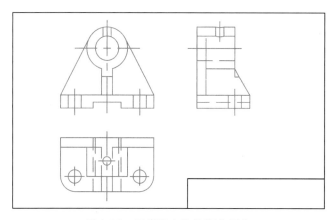

图 3-22　画出组合体的细节部分

绘图时,建议按形体关系将几个视图配合着同步绘制,避免绘制完一个视图再绘制另一个视图,特别是相贯线、截交线更应如此。

6)步骤六:检查描深

检查底稿,改正错误后再描深。此时,注意同类线型尽可能保持粗细及线型一致,如图 3-23 所示。

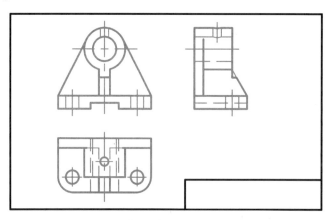

图 3-23　检查、清理图样并加深视图

7)步骤七:标注尺寸

先选基准:轴承座左右对称,长度方向即以此对称面为基准;底板和支撑板的后面为宽度方向的基准;底板底面为高度方向的基准,如图 3-24 所示。

基准选定后,即以基准为起点,注出各立体相应方向的定位尺寸、定形尺寸和总体尺寸,如图 3-25 所示。

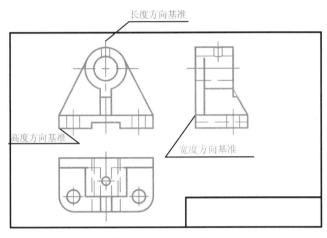

图 3-24　选定基准面

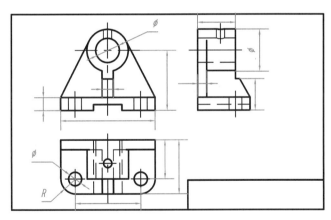

图 3-25　标注尺寸

五、组合体三视图的阅读

读图时,一般采用形体分析法或线面分析法,将视图每一部分的几个投影对照分析,想象出其形状,并确定各部分之间的相对位置和组合形式,最后综合勾勒整个物体的结构形状。

1.形体分析法读图方法及步骤

形体分析法对阅读叠加类组合体较为有效,其步骤如下。

笔记

1)步骤一:对照投影,依线画框

根据投影规律,对照视图之间点、线、面的对应关系,分离出特征明显的若干线框,其本质是将组合体的视图分解为构成组合体的简单立体的视图。

例:图3-26所示的组合体可分解为2个线框,则该组合体由两个简单立体组成。

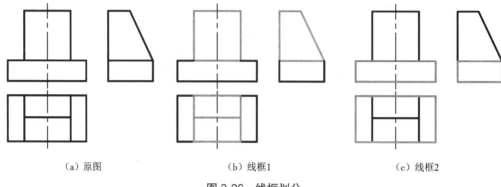

　　　(a)原图　　　　　　　　　(b)线框1　　　　　　　　　(c)线框2

图3-26　线框划分

注意,主视图一般具有较多的特征部位,通常先从主视图开始分析。

2)步骤二:依框分析,想象形体

依据投影规律,依次找出各线框在视图中的对应投影,并想象出各线框对应的空间形状,如图3-27所示。

3)综合分析,勾勒整体

依据投影规律及表面连接关系,确定各简单立体的空间位置及相对位置关系,勾勒组合体的整体形状;然后根据想象的组合体形状与三视图对照检查,如图3-28所示。

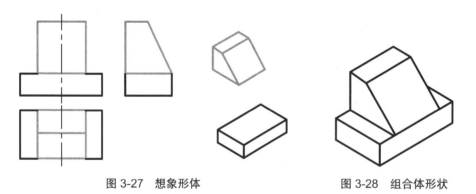

　　　图3-27　想象形体　　　　　　　　　图3-28　组合体形状

注意:
　　一般的读图顺序为先看主要部分,后看次要部分;先看容易确定的部分,后看难以确定的部分;先看某一组成部分的整体形状,后看其细节部分形状。

2.线面分析法读图方法及步骤

若物体形状不规则,或物体被多个面切割,物体的视图往往难以读懂,此时可以在形体分析的基础上进行线面分析。线面分析法对阅读切割类组合体较为有效,其步骤如下。

1)步骤一:忽略细节,判断主体

根据三视图的最大线框和主要线框,分析物体的主体形状;分析主体形状时,一般需忽略物体的细节形状,以降低分析难度。

注意:分析物体的主体形状时,按照投影规律有时既需要忽略细节形状对应的线,又需要补全因细节结构而使主体形状缺失的线。

例:如图 3-29(a)所示的三视图,为分析该组合体的主体形状,忽略组合体上方的 V 型槽和右下方的矩形缺口;根据"线对应形体的棱边,框对应形体的表面(平面或曲面)"这一现象,采用线面分析法分析物体表面形状,如图 3-29(b)所示的斜面对应的线框。图 3-29(c)为该组合体的主体形状。

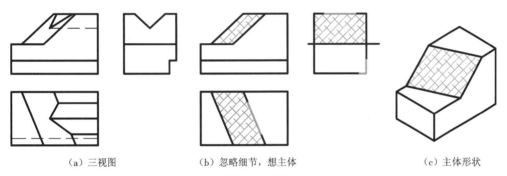

(a)三视图   (b)忽略细节,想主体   (c)主体形状

图 3-29 判断组合体的主体形状

2)步骤二:逐个分析,勾勒细节

在主体形状的基础上,对每个细节形状逐个分析,想象其结构形状,如图 3-30 和图 3-31 所示。

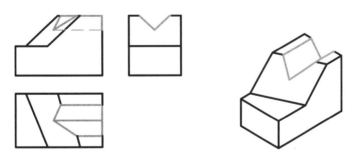

图 3-30 想象勾勒组合体上方的 V 型槽

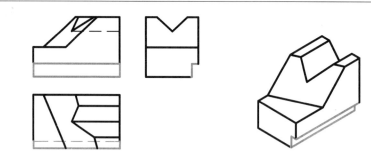

图 3-31　想象勾勒组合体右下方的矩形缺口

3)步骤三:对照视图,验证整体

物体的主体及细节分析确定后,对照物体的三视图,检查验证物体的整体形状。

思考题

1. 相贯线与截交线两者有什么区别? 它们分别具有什么性质?

2. 圆柱、圆锥、圆球的截交线分别有几种?

3. 常见回转体的相贯线有哪几种?

4. 特殊情况下的相贯线有哪几种?

5. 如何绘制截交线和相贯线?

✦ 笔记

单元四　机械图样画法

学习内容：

　　1. 掌握基本视图、向视图、斜视图及旋转视图等视图概念及其表达方法；

　　2. 熟悉剖视图的概念及其分类，掌握全剖视图、半剖视图、局部剖视图、阶梯剖视图、旋转剖视图等剖视图的表达及标注方法；

　　3. 熟悉断面图的概念，掌握移出断面图、重合断面图的画法；

　　4. 掌握局部放大图的概念及画法，熟悉筋和轮辐的规定画法、轴上平面的画法、简化画法等其他表达方法。

任务一　视图

视图主要用来表达机件的外部结构和形状，一般只画出机件的可见部分，必要时才用虚线表达不可见部分。视图分为基本视图、向视图、斜视图和旋转视图等。

一、基本视图

为了清晰地表达机件六个方向的形状，可在 H、V、W 三投影面的基础上，再增加三个基本投影面。这六个基本投影面组成了一个方箱，把机件围在当中。机件在每个基本投影面上的投影，都叫基本视图，如图 4-1 所示。

图 4-1(a)表示机件投射到六个投影面上后，投影面展开的方法。展开后，六个基本视图的配置关系和视图名称见图 4-1(b)。按图 4-1(b)所示位置在一张图纸内布置的基本视图，除后视图上方标"后视"二字外，一律不注视图名称。

虽然机件可以用六个基本视图来表示，具体采用哪几个视图，要根据具体情况而定。

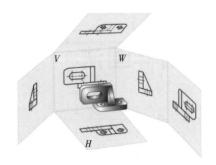

（a）工件投影

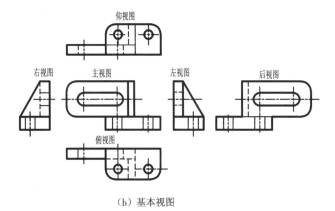

（b）基本视图

图 4-1　六个基本视图的形成及其配置

基本视图的形成

二、向视图

未按投影关系配置的视图称为向视图,如图 4-2 中的 A 向视图、B 向视图及 C 向视图。

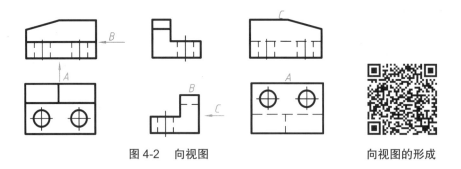

图 4-2　向视图

向视图的形成

注：

　1.六个基本视图中,优先选择主、俯、左三个视图。

　2.向视图是基本视图的一种表达形式,其主要区别在于视图的配置方面,表达方向的箭头应尽可能配置在主视图上。

　3.向视图的名称"X"为大写字母,方向应与正常的读图方向一致。

三、斜视图

斜视图是机件向不平行于任何基本投影面的平面投影所得到的视图。斜视图适用于表达机件上的斜表面的实形,如图 4-3(b)中的 A 向视图所示。

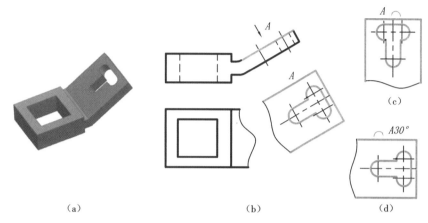

（a）　　　　　　　　　　（b）　　　　　　　（c）
　　　　　　　　　　　　　　　　　　　　　　（d）

图 4-3　斜视图图例

斜视图可配置在与基本视图直接保持投影联系的位置上,也可以平移到图纸内的适当地方。为了画图方便,也可以旋转,但须在斜视图上方注明,如图 4-3(c)、(d)所示。

斜视图的形成

> **注:**
> 　旋转配置斜视图时,表示该视图名称的大写拉丁字母应靠近旋转符号的箭头端,旋转符号用带箭头的半圆表示,圆的半径等于标注字母的高度,箭头指向旋转方向,也可将旋转角度标注在字母之后。

四、旋转视图

假想将机件的倾斜部分绕垂直轴旋转到与基本投影面平行的位置后,再进行投射,这样得到的视图叫旋转视图。旋转视图适用于表达机件的倾斜部分,且具有回转轴线的情况。

例:图 4-4 所示摇杆的右臂与 H 面倾斜,且其回转轴线为正垂线,因此可假想令右臂绕回转轴旋转到平行于 H 面,使水平投影表达实形。

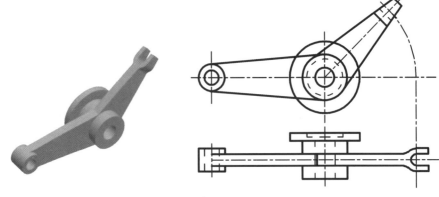

图 4-4　旋转视图

注:

　　1. 旋转视图的投影关系比较明显,无须标注。

　　2. 旋转视图的应用可避免产生多种视图,还可更清晰地表达机件可见部分的轮廓,避免使用虚线,减少重叠的层次,增加图形的清晰度。

任务二　剖面图

当机件的内部结构较复杂时,在视图中会存在较多虚线或出现虚线与实线重叠现象,不利于画图及看图,也不利于尺寸标注。为此,国家标准规定了用"剖视"的方法解决内部结构的表达问题,如图 4-5 所示。

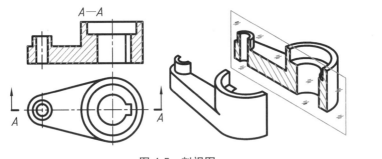

图 4-5　剖视图

全剖视图的形成

假想用一剖切平面剖开机件,然后将处在观察者和剖切平面之间的部分移去,而将其余部分向投影面投射所得的图形,叫剖视图(简称剖视)。

注：

1. 剖切平面应平行于投影面,且尽量通过较多的内部结构(孔、槽等)的轴线或对称中心线、对称面等。

2. 剖视后,机件内部形状变为可见,原来不可见的虚线变为实线。

3. 剖视仅是一种表达机件内部结构的方法,并非真的剖开和切掉机件的一部分。因此,除剖视图外,其他视图要按原状画出。

4. 剖切部分必须画剖面符号,同一机件的所有剖面线的方向、间隔应相同。

5. 为了便于看图,应将剖切位置、投影方向、剖视图的名称标注在相应视图上。标注方法为用剖切平面的迹线(剖切符号)来标明剖切平面的位置,并以箭头指明投射方向。在箭头旁和剖视图上方写上相同的字母($\times$—$\times$),借以表示剖视图的名称。

6. HB 5859.1 规定,剖视图采用大写拉丁字母按顺序标注;在同一张图样中,剖视图不得采用同一字母,当字母不够用时,可加阿拉伯数字注脚标注,如 A_1—A_1,B_2—B_2。

一、全剖视图

只用一个平行于基本投影面的剖切平面,将机件全部剖开后画出的图形,称为全剖视图,如图 4-5 所示。

二、半剖视图

当机件具有对称平面时,以对称中心线为界,在垂直于对称平面的投影面上投影得到的,由半个剖视图和半个视图合并而成的图形称为半剖视图。半剖视图只适用于表达具有对称平面的机件。

例： 如图 4-6(c)所示溢流阀壳体,左右对称,外有半圆凸台,内有阶梯孔等需要表达。比较图 4-6(a)和(b),图 4-6(a)用主视图表达外形,"A—A"全剖视表示内形;而图 4-6(b)用半剖视表示,显然具有简单明了的优点,此图的俯视图也取半剖视。

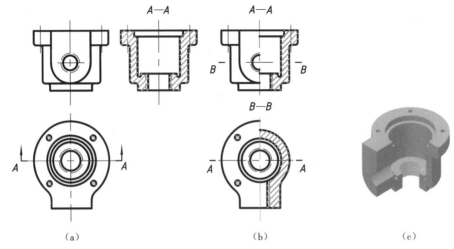

（a）　　　　　　　　　　　（b）　　　　　　　　　（c）

图 4-6　半剖视图

例：管形接头零件的半剖视图,请扫码浏览动画。

画半剖视图时,应注意以下几点。

（1）具有对称平面的机件,在垂直于对称平面的投影面上,才宜采用半剖视。如机件的形状接近于对称,而不对称部分已另有视图表达时,也可以采用半剖视。

半剖视图的形成

（2）半个剖视和半个视图须以点画线为界。如作为分界的点画线刚好和轮廓线重合,则应避免使用。

例：图 4-7 所示的主视图,尽管图形内外形状都对称,似可采用半剖视,但用半剖视后,其分界线恰好和内轮廓线相重合,不满足分界线是点画线的要求,不应用半剖视表示,而宜采取局部剖视表示,并用波浪线将内外形分开。

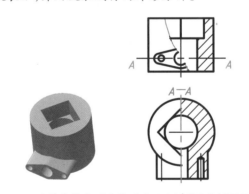

图 4-7　内轮廓线和对称线重合,不应采用半剖视示例

三、阶梯剖

假想用几个平行的剖切平面剖开机件后向投影面投影所得的视图,称为阶梯剖,如图 4-8 所示。

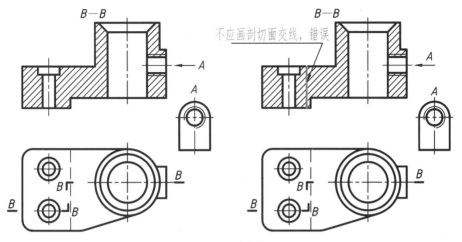

图 4-8　阶梯剖

> **注:**
>
> 　　1. 阶梯剖必须标注,在剖切平面的起始和转折处要用剖切符号和相同的字母表示。
> 　　2. 当转折处地方有限,在不致引起误解时,允许在转折处省略标注字母。

剖视图上不应出现不完整的孔、槽等结构元素。仅当两个元素在图形上具有公共对称中心线或轴线时,以对称中心线或轴线为界,两要素可以各画一半,如图 4-9 所示。

为清晰起见,各剖切平面的转折处不能重合在图形的实线和虚线上,如图 4-10 所示。

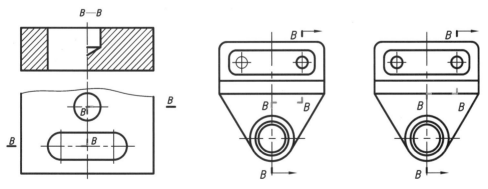

图 4-9　两要素具有公共对称中心的阶梯剖　　　　图 4-10　转折处不能与轮廓线重合

四、局部剖视图

为在同一视图上同时表达内外形状，将机件局部剖开后投射所得的图形称为局部剖视图。局部剖视图与视图之间用波浪线分开。

例：图 4-11 是摇杆臂，它的左右轴孔都需剖开表达，但又不宜全剖，这时采用局部剖视来表达内部结构。

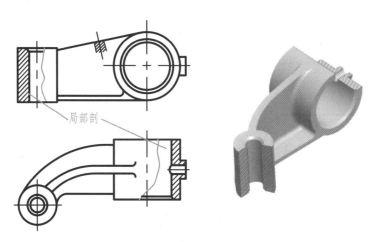

图 4-11　局部剖视应用举例

> **注：**
>
> 　　局部剖视是一种比较灵活的表达方法，剖切范围根据实际需要决定。但使用时要考虑看图方便，剖切不要过于零碎。

例：方形壳体的局部剖视，请扫码浏览动画。

五、旋转剖视图

用两相交剖切平面剖开机件，并以交线为轴，把倾斜结构旋转到平行于投影面的位置，投影后的图形称为旋转剖视图，如图 4-12 所示。

局部剖视图的形成

养成标准意识、质量意识，让规矩做事、精益求精成为习惯；视图的选择要以准确、清晰、完整表达零件结构为原则。

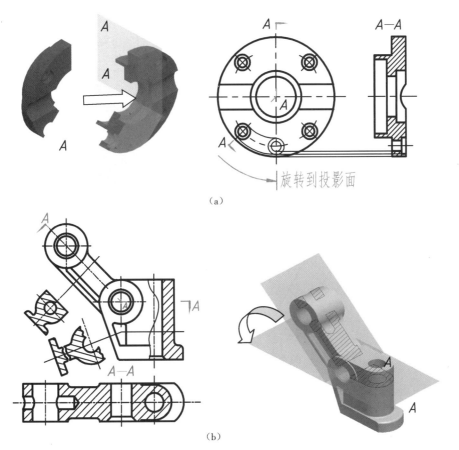

图 4-12　旋转剖视图示例

> **注:**
>
> 　　画旋转剖视图时应注意以下两点:
>
> 　　(1) 倾斜的平面必须旋转到与选定的基本投影面平行,使投影表达实形,但剖面后面的结构,一般应按原来的位置画它的投影;
>
> 　　(2) 旋转剖视必须标注。

六、飞机制图中剖面图的特殊规定

1.零件图中的移出剖面,应省略剖面符号,如图 4-13 所示。

2.绘制零件图时,在不致引起误解的情况下,应省略剖面图中的剖面符号,如图 4-14 所示。

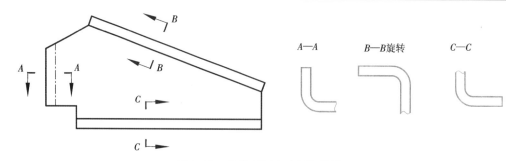

图 4-13　移出剖面省略剖面符号

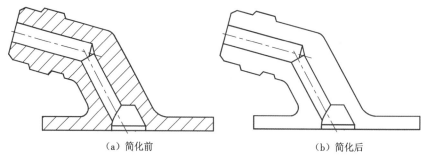

图 4-14　飞机某零件的剖面图

3. 实心圆柱和空心圆柱折断时, 特殊画法中断裂处的剖面符号应省略不画, 如图 4-15 所示。

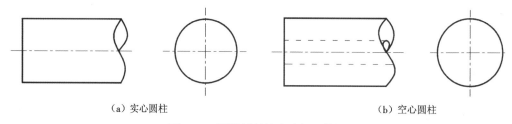

（a）实心圆柱　　　　　　　　　　　　（b）空心圆柱

图 4-15　圆柱折断处省略剖面符号

4. 如仅需画出剖视图或剖面图中的一部分图形, 又省略剖面符号时, 其边界应画波浪线, 如图 4-16 所示。

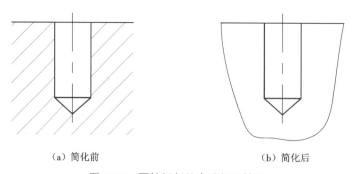

（a）简化前　　　　　　　　　　　　（b）简化后

图 4-16　圆柱折断处省略剖面符号

任务三　断面图

假想切断机件,只画切断面形状投影,并画上规定剖面符号的图形,称为断面图。断面分为移出断面和重合断面两种。

一、移出断面图

1.断面图的画法

布置在视图之外的平面叫移出断面,其画法要点如下。

(1)断面的轮廓线用粗实线画出,并尽可能将断面配置在剖切符号的延长线或剖切平面的迹线(迹线规定用点画线表示)上,如图 4-17(a)、(b)所示;必要时也可以画在图纸的适当位置,但需加标注,如图 4-17(c)中的 *A—A* 所示。

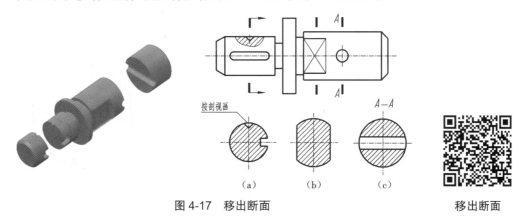

图 4-17　移出断面

(2)画断面时,应设想把它绕着剖切平面迹线或剖切符号旋转 90° 后与画面重合。因此,同一位置的断面因剖切迹线画在不同的视图上,可能会使图形的方向不同,如图 4-17(a)所示。

(3)剖切平面应与被剖切部分的主要轮廓垂直。

(4)当剖切平面通过由回转面形成的圆孔、圆锥坑等结构的轴线时,这些结构应按剖视画出,如图 4-17(a)、(b)所示。

(5)图 4-18 中的 *D—D* 所示零件的结构,可用相交的两个平面,分别垂直于筋板来剖切。

2.断面图的标注

(1)画在剖切平面上的平面,如果图形对称(对剖切平面迹线而言),只需用点画线标明剖切位置,如图 4-18 中的 *C—C* 断面;如不对称,则需用剖切符号标明剖切位置,并用箭头标明投射方向,如图 4-17(a)所示。

(2)不是画在剖切平面迹线上的断面,当图形不对称时,要画出剖切符号标明剖切位置,注上相同字母,并用箭头表示投射方向,而在断面上方注出相同字母"*X—X*";如图形对称,则可省略箭头,如图 4-18 中 *C—C* 断面。

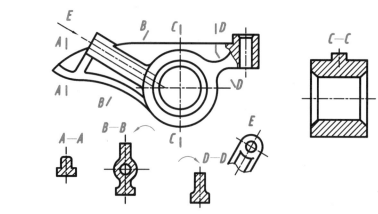

图 4-18　断面的标注图例

二、重合断面图

重叠在基本投影图轮廓之内的断面图,称为重合断面图,如图 4-19 所示。

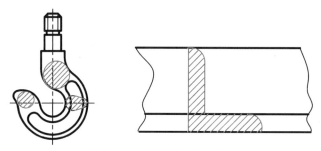

图 4-19　重合断面图画法

重合断面图的比例应与基本投影图一致,并规定其断面轮廓线用细实线绘制,且不加任何标注。

当视图中的轮廓线与重合断面图的图形重叠时,视图中的轮廓线要连续画出,不可间断。

任务四　其他表达方法

一、局部放大视图

机件上某些细小结构在视图中表达得不够清楚,或不便于标注尺寸时,可将这些部分按如图 4-20 所示画出,这种图称为局部放大图。局部放大图必须标注,标注方法是在视图上画一细实线圆,标明放大部位,在放大图的上方注明所用的比例,即图形大小与实物大小的比例(与原图上的比例无关),如放大图不止一个,还要用罗马数字编号以示区别。

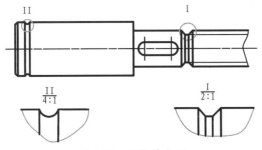

图 4-20　局部放大图

二、筋和轮辐的规定画法

机件上的筋或轮辐,如剖切平面通过它们的基本轴线,或沿厚度方向通过它们的对称平面剖开时,在筋和轮辐的剖面内不画剖面符号,只画它和机件相接部分剖面的分界线,如图 4-21 所示。如剖切平面呈辐射状均匀分布,则在剖视图上按对称的形状画出。

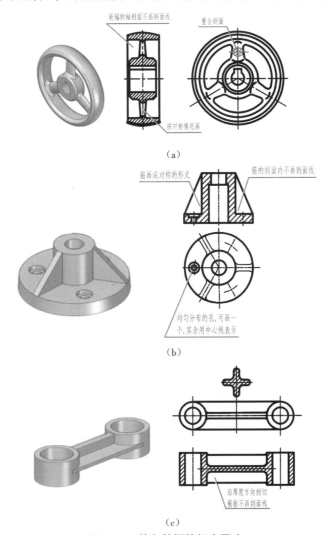

图 4-21　筋和轮辐的规定画法

三、轴上平面的表示法

当轴上的平面结构在视图中未能充分表达时，可采用平面符号（两条相交的细实线）表示，如图 4-22 所示。

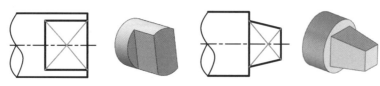

图 4-22 用平面符号表示平面

四、简化画法

1. 表面交线的简化画法

在不会引起误解时，非圆曲线的过渡线及相贯线允许简化为圆弧或直线，如图 4-23 所示。

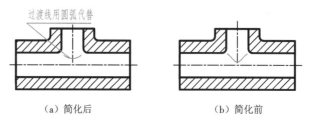

过渡线用圆弧代替

（a）简化后 　　　　　（b）简化前

图 4-23 表面交线的简化画法

2. 滚花的简化画法

滚花一般采用在轮廓附近用粗实线局部画出的方法表示，也可省略不画，但要标注，如图 4-24 所示。

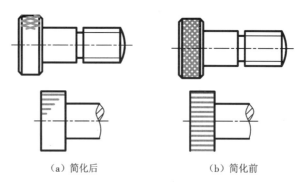

（a）简化后 　　　　　（b）简化前

图 4-24 滚花的简化画法

3. 倾斜圆与圆弧的简化画法

与投影面倾斜角度小于或等于 30° 的圆或圆弧，其投影可用圆或圆弧代替，如图 4-25 所示。

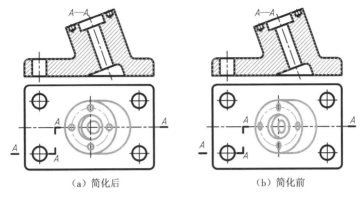

（a）简化后　　　　　　　　（b）简化前

图 4-25　倾斜圆与圆弧的简化画法

4. 极小结构及要素的简化画法

当机件上较小的结构及斜度等已在一个图形中表达清楚时，在其他视图中可以简化或省略，如图 4-26 所示。

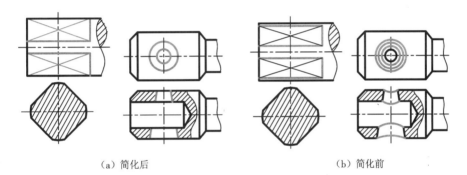

（a）简化后　　　　　　　　（b）简化前

图 4-26　极小结构及要素的简化画法

5. 避免使用虚线

在不会引起误解的情况下，应避免使用虚线表示不可见结构，如图 4-27 所示。

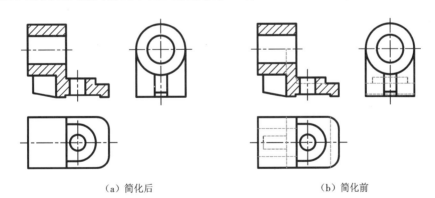

（a）简化后　　　　　　　　（b）简化前

图 4-27　避免使用虚线

6. 避免重复

若干相同结构，如齿、槽、孔等，按一定规律分布时，可只画出几个完整的结构，其余用细实线连接,但要标明个数,如图 4-28 所示。

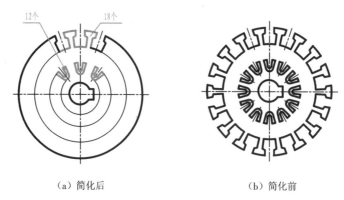

（a）简化后　　　　　　　　　　　　　　　（b）简化前

图 4-28　避免重复（一）

若干直径相同且成规律分布的孔,可只画出一个或少量几个,其余用细实线表示其中心位置,如图 4-29 所示。

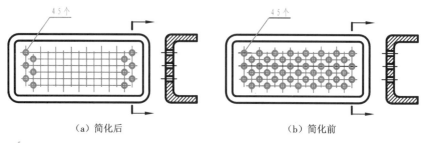

（a）简化后　　　　　　　　　　　　　　　（b）简化前

图 4-29　避免重复（二）

对于装配图中若干相同的零部件组,可以详细地画出一组,其余只需用点画线表示出其位置,如图 4-30 所示。

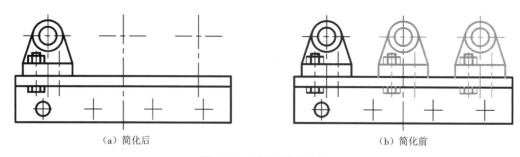

（a）简化后　　　　　　　　　　　　　　　（b）简化前

图 4-30　避免重复（三）

其他画法的动画资源,请扫码浏览动画。

其他表达方法

思考题

1. 六个基本视图中,优先选用的是哪三个视图? 哪个视图需要在视图上方进行标注?

2. 在旋转配置斜视图时应注意哪些问题?

3. 画全剖视图时,应如何选取合适的剖切平面?

4. 机件的形状接近于对称,而不对称部分已另有视图表达时,可采用哪种剖视图?

5. 对阶梯剖视图进行标注时,应注意什么问题?

6. 画移出断面图时,对于对称图形和不对称图形的标注有何区别?

7. 视图中的轮廓线与重合断面图的图形重叠时,画视图中的轮廓线应注意什么?

8. 何为局部放大图? 局部放大图如何标注?

9. 轴上平面如何表示?

10. 请列举几种不同的简化画法。

11. 若干相同结构的零部件组,如齿、槽、孔等,按一定规律分布时,应如何简化画出?

单元五　零件图

> **学习内容：**
> 　　1. 零件图的内容，零件图视图选择的要求、方法及典型零件分析；
> 　　2. 零件图尺寸基准的选择、尺寸的标注形式、合理标注尺寸应注意的事项等；
> 　　3. 零件上铸造工艺结构及过渡线的画法、零件上的机械加工工艺结构及零件的装配工艺结构；
> 　　4. 零件表面结构及其注法、公差与配合及其注法；
> 　　5. 看零件图的要求、方法和步骤，零件图看图举例。

任务一　视图选择

　　用于表达单个零件的结构形状、大小和技术要求的图样称为零件工作图（简称零件图）。零件图的视图选择就是要根据零件的结构特点，选用一组合适的视图，完整、正确、清晰地表达零件的内、外结构形状及其各部分的相对位置关系。

一、零件的结构特点及分类

　　按照零件的结构形状和功用不同，零件可分为轴套类（如齿轮轴、轴套）、轮盘类（如齿轮、端盖）、叉架类（如叉杆、支架）和箱体类（如箱体、箱盖）等，其各自的结构特点如表 5-1 所示。

表 5-1　零件的分类及特点

类别	图例	特点
轴套类		多为同轴线的回转体，常带有轴肩、键槽、螺纹、退刀槽、中心孔等结构
轮盘类		多为短粗回转体，一般为铸、锻毛坯加工而成，常设有光孔、键槽、螺纹孔、凸台等结构

类别	图例	特点
叉架类		形状复杂多样,多为铸、锻毛坯加工而成,工作部分常为孔、叉结构,连接部分是断面为各种形状的肋
箱体类		结构复杂,常有较大的内腔、轴承孔、凸台和加强筋等结构

二、零件表达方案的选择

选择零件视图时,应根据零件的结构特点,选用恰当的表达方法,在正确、完整、清晰地表达零件各部分的内、外结构形状和便于读图的前提下,力求使绘图简便。

确定零件表达方案时,应按照"主视图→其他视图"的先后顺序逐一确定,最终达到正确、完整、清晰地表达零件,如图 5-1 所示。

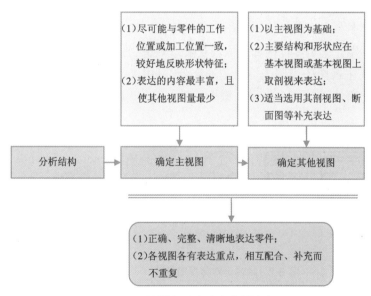

图 5-1　零件视图表达方案的确定

提示:

零件表达方案确定后,应根据具体情况对其进行全面地分析与对比,系统考虑是否可省略、简化、综合或减少一些视图,精益求精优化改进视图的表达方案,使零件的表达满足正确、完整、清晰而又简洁的基本要求。

1. 主视图的选择

主视图是一组视图的核心,应选择表示零件信息量最多的那个视图作为主视图,选择主视图时主要遵循以下三个原则。

1)形状特征原则

以最能反映零件形体特征的方向作为主视图的投影方向,在主视图上尽可能多地展现零件的内、外结构形状特征和各组成形体之间的相对位置关系。

2)工作位置原则

主视图投影方向,应符合零件在机器上的工作位置。

3)加工位置原则

主视图投影方向,应尽量与零件主要的加工位置一致。

2. 其他视图的选择

其他视图的选择视零件的复杂程度而定。应注意使每一个视图都有其表达的重点内容,并应灵活采用各种表达方法。在正确、完整、清晰地表达零件的前提下,视图的数量越少越好,表达方法越简单越好。

三、典型零件的视图表达

1. 轴套类零件

轴套类零件一般是在车床和磨床上加工获得,其主视图的轴线要水平放置,一般只用一个主视图。套类零件内部结构较复杂,其主视图常用全剖视图。

若还有在主视图中尚未表达清楚的部分,可用局部视图、局部剖视、断面图、局部放大图等补充表达,如图 5-2 所示。键槽一般采用移出断面表达。

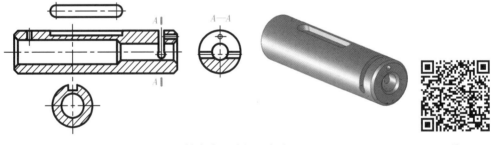

图 5-2　轴套类零件视图表达　　　　　　零件图

2. 轮盘类零件

轮盘类零件以车削加工为主,主视图一般按加工位置水平放置,即盘类零件的轴线水平放置。对于有些较复杂的盘盖类零件,因加工工序较多,主视图也可按工作位置放置。轮盘类零件一般采用两个以上视图表达,如图 5-3 所示。

对于复杂的轮盘类零件,需要采用向视图、局部剖视等视图补充表达。

笔记

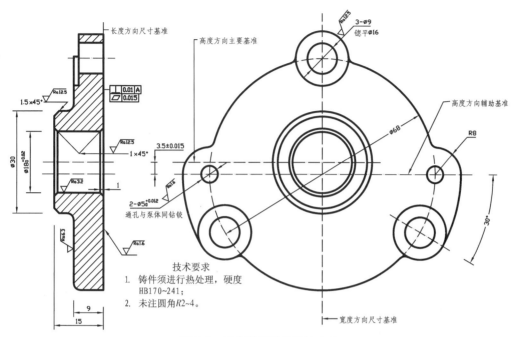

图 5-3 轮盘类零件的表达方法

轮盘类零件的主视图一般具有对称面时,可作半剖视;无对称面时,可作全剖或局部剖视,以表示孔、槽等结构。另一视图一般表示外形轮廓和各组成部分的相对位置。

3. 叉架类零件

叉架类零件常以工作位置放置或将其放正,主视图常根据结构特征选择,以表达它的形状特征、主要结构和各组成部分的相互位置关系,如图 5-4 所示。叉架类零件的结构形状较复杂,视图数量多在两个以上。

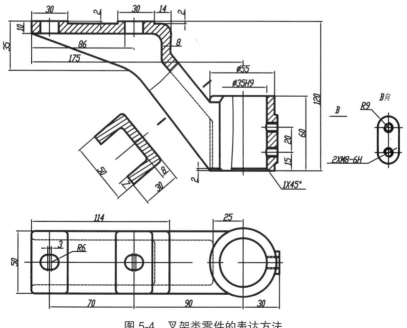

图 5-4 叉架类零件的表达方法

　　根据零件结构常选用移出断面、局部视图、斜视图等其他视图,以补充表达主视图尚未表达清楚的结构。

4. 箱体类零件

　　箱体类零件一般是经过多道工序加工而成,主视图主要根据形状特征和工作位置设置,以最能反映形状特征、主要结构和各组成部分相互关系的方向作为主视图的投射方向,如图 5-5 所示。

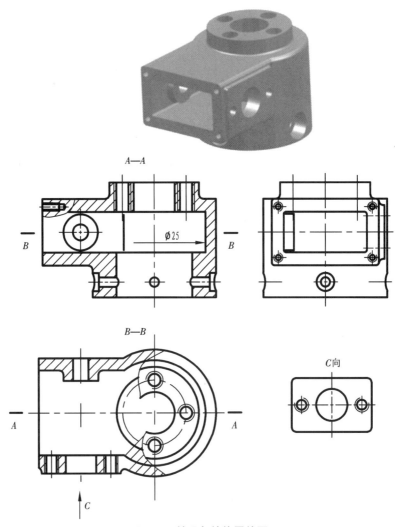

图 5-5　某设备箱体零件图

　　箱体类零件结构复杂,一般用三个或三个以上视图,并适当选用剖视图、局部视图、断面图、向视图等多种表达方式表示局部结构。

任务二　零件常见的工艺结构

　　零件的结构和形状,不仅要满足零件在机器中的使用要求,在制造零件时还要符合制造工艺要求。在设计和绘制零件图时,必须把这些工艺结构绘制或标注在零件图上,以便于加工和装配。

一、铸造工艺结构

1. 拔模斜度

如图 5-6 所示,为便于取模,铸件壁沿脱模方向应设计出拔模斜度。斜度不大的结构,若在一个视图中已经表达清楚,其他视图可按小端画出。

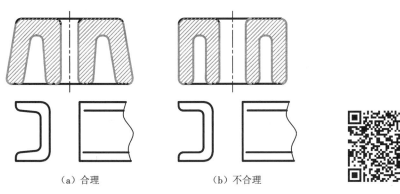

（a）合理　　　　　　（b）不合理

图 5-6　拔模斜度

铸造及其工艺结构

2. 凸台

如图 5-7 所示,为减小金属积聚及便于造型,一般将双面凸台改为单面凸台,并加肋板,以增强刚性。

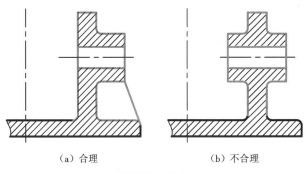

（a）合理　　　　　　（b）不合理

图 5-7　凸台

3. 铸造圆角

如图 5-8 所示,为防止铸造砂型落砂,避免铸件冷却时产生裂纹,两铸造表面相交处以圆角过渡。铸造圆角半径一般取壁厚的 1/5~2/5,两半径尽可能一致。

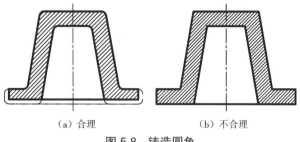

（a）合理　　　　　　　　（b）不合理

图 5-8　铸造圆角

4. 铸造厚度

铸造件壁厚应均匀,防止产生气孔、缩孔;两斜壁相连,且夹角小于75°时,应去掉尖角;两壁垂直相交时,厚、薄壁的壁厚应均匀过渡,如图5-9所示。

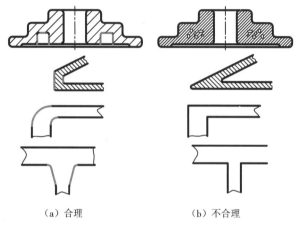

（a）合理　　　　　　　　（b）不合理

图 5-9　铸造厚度

5. 减少加工表面

为保证工件表面质量,节省材料,降低制造费用,应尽可能减少加工表面。例如壳体具有较大的接触面,应设计成凹槽或凸台,既能减少加工面,又能保证接触良好,如图5-10和图5-11所示。

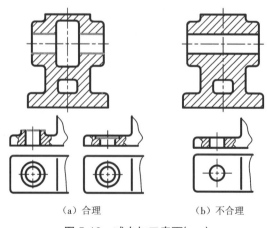

（a）合理　　　　　　　　（b）不合理

图 5-10　减少加工表面(一)

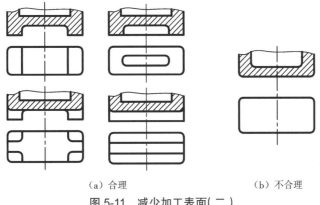

（a）合理　　　　　　（b）不合理

图 5-11　减少加工表面（二）

6. 钻孔位置

钻孔应垂直于零件表面,以保证钻孔精度,避免钻头定位不准和折断。在曲面上加工圆孔时,一般在孔端做出凸台或凹坑,如图 5-12 所示。

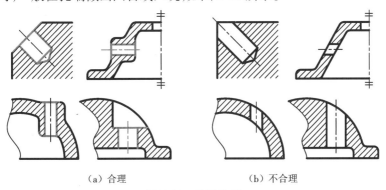

（a）合理　　　　　　（b）不合理

图 5-12　钻孔位置

二、机械加工工艺结构

1. 倒角和倒圆

为了去除零件加工表面转角处的毛刺、锐边和便于零件装配,一般在轴和孔的端部加工出 45° 倒角;为了避免阶梯轴的轴肩根部因应力集中而容易断裂,轴肩的根部常加工成圆角。倒角和倒圆的标注及画法如图 5-13 所示。

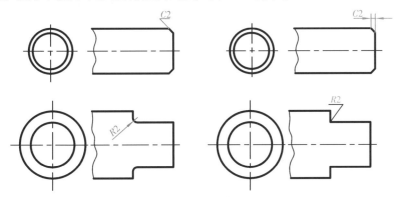

图 5-13　倒角与倒圆的标注及画法

2. 退刀槽和砂轮越程槽

在车削加工螺纹或受力不大的轴颈时,为了便于进刀、退刀或测量,需加工出退刀槽,如图 5-14 所示。

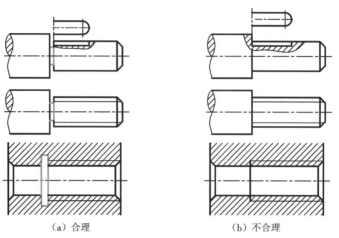

（a）合理　　　　　　　　　　　（b）不合理

图 5-14　退刀槽

磨削不同直径的回转面时,需要留出砂轮越程槽,既便于进、退刀,又能保证加工面的质量,如图 5-15 所示。

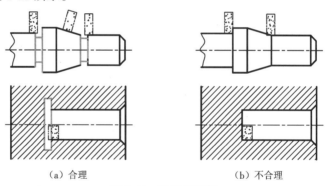

（a）合理　　　　　　　　　　　（b）不合理

图 5-15　砂轮越程槽

3. 中心孔

中心孔又称顶尖孔,是轴类零件的基准,既是轴类零件的加工工艺基准,也是轴类零件的测量基准。GB/T 145—2001 规定了 A 型、B 型、C 型和 R 型 4 种类型和尺寸,4 种类型的锥角均为 60°。

A 型中心孔结构简单,常用于粗加工或加工后不要求保留中心孔的工件。其他三种类型常用于精加工或特殊要求的场合。

任务三　零件图的尺寸标注

在零件图上标注尺寸,除了要做到正确、完整、清晰外,还要着重解决合理标注尺寸的问题。尺寸标注的合理性是指标注的尺寸要符合设计要求和工艺要求。要把尺寸标注得合理,需要有一定的实践经验和专业知识,要对零件进行形体分析、结构分析和工艺分析,才能恰当地选择尺寸基准,合理地选择尺寸标注形式。

一、尺寸基准及基准选择

要合理正确地标注尺寸,必须综合考虑零件在机器中的作用、装配关系以及零件的加工、测量等情况,选择恰当的尺寸基准。

从设计和工艺的不同角度,可以把基准分为设计基准和工艺基准两类,如图 5-16 所示。

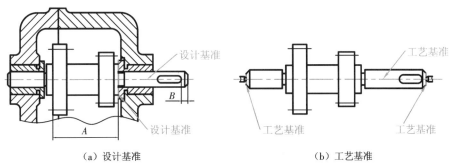

（a）设计基准　　　　　　　　　　　（b）工艺基准

图 5-16　设计基准与工艺基准

1. 设计基准

根据机器的结构和设计要求,用以确定零件在机器中位置的一些点、线、面,称为设计基准。

例: 如图 5-16（a）所示,依据轴线及右轴肩确定齿轮轴在机器中的位置(标注尺寸 A),因此该轴线和右轴肩端平面分别为齿轮轴的径向和轴向的设计基准。

2. 工艺基准

根据零件加工制造、测量和检测等工艺要求所选定的一些点、线、面,称为工艺基准。

例: 如图 5-16（b）所示,齿轮轴加工、测量时是以轴线和左右端面分别作为径向和轴向的基准,因此该零件的轴线和左右端面为工艺基准。

3. 基准的选择

任何一个零件都有长、宽、高三个方向(或径向、轴向两个方向)的尺寸,每个尺寸都有基准,因此每个方向至少要有一个基准。

应根据零件的设计要求和工艺要求,结合零件实际情况恰当选择尺寸基准。

注：

　　1.零件图同一方向上有多个基准时,其中必定有一个基准是主要的,称为主要基准;其余的基准则为辅助基准。主要基准与辅助基准之间应有直接的尺寸联系。

　　2.标注尺寸时应尽可能将设计基准和工艺基准统一起来,既能满足设计要求,又能满足工艺要求。一般情况下,工艺基准与设计基准是可以做到统一的。当两者不能统一起来时,要按设计要求标注尺寸,在满足设计要求前提下,力求满足工艺要求。

　　3.作为设计基准或工艺基准的点、线、面主要有:球心,回转面母线、轴线、对称中心线,对称平面、主要加工面、结合面、底平面、端面、轴肩平面等。

二、零件的尺寸标注形式

零件图上的尺寸因基准选择的不同,其标注形式分为以下三种。

1.链式

零件同一方向的几个尺寸依次首尾相接,后一尺寸以与它邻接的前一尺寸的终点为起点(基准),称为链式,如图 5-17(a)所示。此种标注的优点是能保证每一段尺寸的精度要求,前一段尺寸的加工误差不影响后一段;其缺点是各段的尺寸误差累计在总尺寸上,使总体尺寸的精度得不到保证。这种标注方法常用于要求保证一系列孔的中心距的尺寸注法。

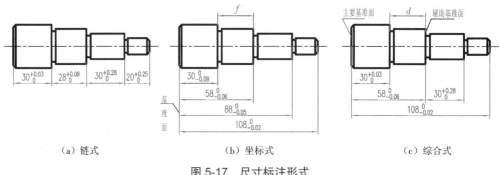

　(a)链式　　　　　　　　(b)坐标式　　　　　　　(c)综合式

图 5-17　尺寸标注形式

2.坐标式

坐标式是把同一方向的一组尺寸从同一基准出发进行标注,如图 5-17(b)所示。此种标注的优点是各段尺寸的加工精度只取决于本段的加工误差,不会产生累计误差。因此,当零件上需要从一个基准定出一组精确尺寸时,常采用这种注法。

3.综合式

综合式是零件上同一方向的尺寸标注既有链式又有坐标式,如图 5-17(c)所示。综合式具有链式和坐标式的优点,能适应零件的设计与工艺要求,是最常用的一种标注形式。

三、尺寸标注的注意事项

1. 重要尺寸必须直接注出

为了使零件的主要尺寸不受其他尺寸误差的影响,在零件图中主要尺寸应从设计基准出发直接标注。

2. 避免注成封闭的尺寸链

如图 5-18 所示,轴的长度方向尺寸,除了标注总长尺寸外,又对轴上各段尺寸逐次进行了标注,形成尺寸链式的封闭图形,即封闭尺寸链。这种标注,轴上的各段尺寸 A、B、C 的尺寸精度可以得到保证,而总长尺寸 L 的尺寸精度则得不到保证。各段尺寸的误差积累起来,最后都集中反映到总长尺寸上。为此,在标注尺寸时,应将次要的轴段空出,不标注尺寸或标注带括号的尺寸,作为参考尺寸。该轴段由于不标注尺寸,使尺寸链留有开口,称为开口环。开口环尺寸在加工中自然形成。

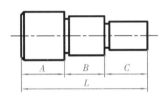

图 5-18 封闭尺寸链

3. 标注尺寸要考虑工艺要求

1)按零件加工工序标注尺寸

加工零件各表面时,有一定的先后顺序。标注尺寸应尽量与加工工序一致,以便于加工和测量,并能保证加工尺寸的精度,如图 5-19 所示。

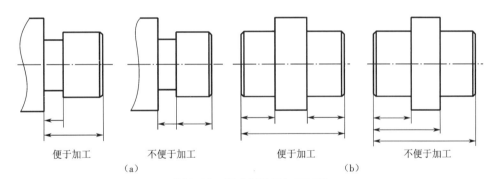

便于加工　　　　不便于加工　　　　便于加工　　　　不便于加工

（a）　　　　　　　　　　　　　　　　　（b）

图 5-19 尺寸标注与加工工序

2)标注尺寸要便于测量

标注尺寸要便于测量,如图 5-20 所示。

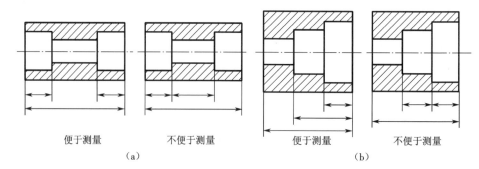

便于测量　　　　不便于测量　　　　　便于测量　　　　不便于测量

（a）　　　　　　　　　　　　　　　　（b）

图 5-20　标注尺寸要便于测量

四、尺寸标注示例

尺寸标注组成要素、原则及常见样例请参考单元一的尺寸标注。下面仅给出一些特殊情况的尺寸标注和综合标注示例。

1. 大圆弧半径标注

当圆弧半径过大，在图纸范围内无法标出圆心位置时，按图 5-21（a）的形式标注；若不需要标出圆心位置，按图 5-21（b）的形式标注。

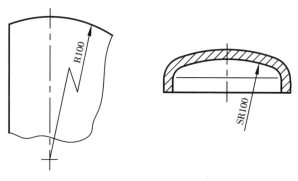

（a）标出圆心位置　　　　　　　（b）不标出圆心位置

图 5-21　大圆弧半径标注

2. 狭小部位的尺寸标注

狭小部位的尺寸标注可参考图 5-22 所示样式标注。

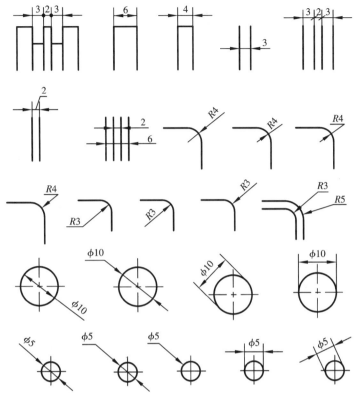

图 5-22　狭小部位的尺寸标注

3. 板状零件的尺寸标注

标注板状零件厚度时,可在尺寸数字前加注"t",如图 5-23 所示。

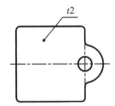

图 5-23　板状零件的尺寸标注

4. 综合示例

尺寸标注的综合示例如图 5-24 和图 5-25 所示。

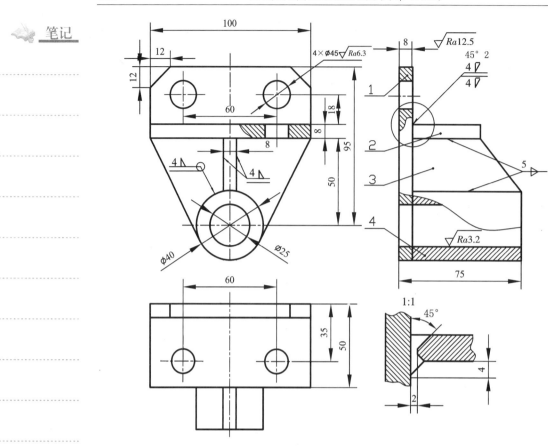

图 5-24　尺寸标注综合示例（一）

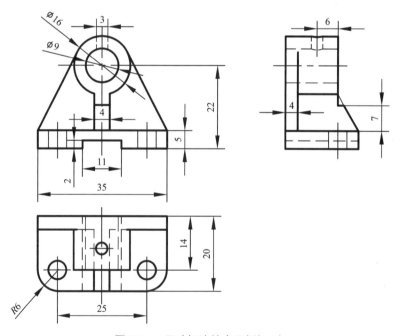

图 5-25　尺寸标注综合示例（二）

任务四　零件图的技术要求

一、表面结构

如图 5-26 所示,表面结构是指零件加工表面上具有较小间距和峰谷所组成的微观集合形状特性,是评定零件表面质量的一项重要技术指标,也称表面结构要求。它对零件的配合、耐磨性、抗腐蚀性、密封性和外观等都有影响。

评定表面结构的主要参数有轮廓算术平均偏差(Ra)、微观不平度十点高度(Rz)和轮廓最大高度(Ry)。

轮廓算术平均偏差是指在取样长度内,轮廓偏距 Y 的绝对值的算术平均值,如图 5-27 所示。取样长度 l 为用于判别具有表面结构特征的一段基准线长度。评定长度 l_n 为评定被测轮廓所必需的一段长度,它可包括几个取样长度。

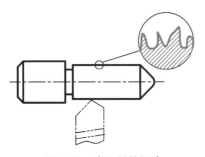

图 5-26　表面结构概念

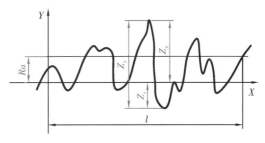

图 5-27　表面结构参数

其表达式为

$$Ra = \frac{1}{l} \int_0^l |Y(x)| \, \mathrm{d}x$$

近似表达式为

$$Ra = \frac{1}{n} \sum_{i=1}^{n} |Y_i|$$

> **注:**
> 　1. 表面结构是 GB/T 131—2006 新版国家标准给定的定义,在 2006 年新国标之前,表面结构称为表面粗糙度;现有文献及工程界仍有表面粗糙度这一概念存在。
> 　2. 选用表面结构时,优先选用参数 Ra。其他参数可参考相关国家标准或公差与配合教材。

1. 表面结构参数的选用

零件表面结构参数值的选用,应在满足零件功能要求的前提下,尽量选用较大的表面结构参数值,以降低加工成本。具体选用时,可参照已有的类似零件图,用类比法确定。

表 5-2 给出了表面结构 Ra 值与加工方法的关系及应用举例,可供参考。

表 5-2　表面结构参数 Ra 值及应用举例

$Ra/\mu m$	表面特征	表面形状	获得表面结构的方法	应用举例
100	粗糙	明显可见的刀痕	锯断、粗车、粗铣、粗刨、钻孔及用粗纹锉刀、粗砂轮加工等	管的端部断面和其他半成品的表面、带轮法兰盘的结合面、轴的非接触端面、倒角等
50		可见的刀痕		
25		微见的刀痕		
12.5	半光	可见加工痕迹	拉制(钢丝)、精车、精铣、粗铰、粗铰埋头孔、粗剥刀加工、刮研等	支架、箱体、离合器、带轮螺纹孔、轴的退刀槽、量板、套筒等非工作表面、齿轮非工作表面、主轴的非接触外表面,IT8~IT11 级公差的结合面
6.3		微见加工痕迹		
3.2		看不见加工痕迹		
1.6	光	可辨加工痕迹的方向	精磨、金刚石车刀精车、精铰、拉制、剥刀加工等	轴承的重要表面、齿轮轮齿的表面、机床导轨、滚动轴承配合表面、发动机曲轴、凸轮轴的工作面等IT5~IT8 级公差的结合面
0.8		微辨加工痕迹的方向		
0.4		不可辨加工痕迹的方向		
0.2	最光	暗光泽面	研磨加工	活塞销、分气凸轮、曲柄轴轴颈、发动机气缸内表面、仪器导轨表面、液压传动件工作面、滚动轴承的辊道、量块的测量面等
0.1		亮光泽面		
0.05		镜状光泽面		
0.025		雾状镜面		
0.012		镜面		

2. 表面结构的标注

GB/T 131—2006 规定,表面结构代号是由规定的符号和有关参数值组成。图样上表示零件表面结构的符号如表 5-3 所示。

表 5-3　表面结构的符号

符号	意义	符号画法及特征注法
√	基本符号,未指定工艺方法的表面,当通过一个注释解释时单独使用	$H=1.4h$ 线宽 $=0.1h$ $h=$ 字高
✓	扩展图形符号,用去除材料的方法获得的表面,如车、铣、刨、磨、钻等加工;仅当其含义是"被加工表面"时可单独使用	基本符号加一短划
✓	扩展图形符号,表示不去除材料的表面,如铸、锻冲压等;也可用于表示保持上道工序形成的表面,不管这种状况是通过去除材料或不去除材料形成的	基本符号加一圆

表面结构代号是在表面结构符号的基础上,标注表面特征规定后组成的。各特征规定的标准位置,如图 5-28 所示。

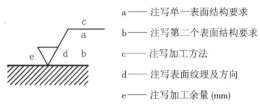

a——注写单一表面结构要求
b——注写第二个表面结构要求
c——注写加工方法
d——注写表面纹理及方向
e——注写加工余量 (mm)

图 5-28　表面结构参数的标注位置

注:

按照标准化对象不同,标准通常分为技术标准、管理标准和工作标准三大类。

技术标准——对标准化领域中需要协调统一的技术事项所制定的标准,包括基础标准、产品标准、工艺标准、检测试验方法标准以及安全、卫生、环保标准等。机械制图相关标准均为技术标准。

管理标准——对标准化领域中需要协调统一的管理事项所制定的标准。

工作标准——对工作的责任、权利、范围、质量要求、程序、效果、检查方法、考核办法所制定的标准。

3. 表面结构参数识读

在零件图中,表面结构代号的参数,经常标注轮廓算术平均偏差 Ra 值,因此可省略 Ra 符号。表面结构的参数示例,如表 5-4 所示。

表 5-4　表面结构代号(Ra)的读解

符号	意义
$\sqrt{\ }$ $Rz\ 0.4$	不允许去除材料,单向上限值,默认传输带,R 轮廓,粗糙度的最大高度 0.4 μm,评定长度为 5 个取样长度(默认),"16% 规则"(默认)
$\sqrt{\ }$ $U\ Ra_{max}\ 3.2$ $L\ Ra\ 0.8$	不允许去除材料,双向极限值,两极限值均使用默认传输带,R 轮廓,上极限:算术平均偏差 3.2 μm,评定长度为 5 个取样长度(默认),"最大规则";下极限:算术平均偏差 0.8 μm,粗糙度的最大高度 0.4 μm,评定长度为 5 个取样长度(默认),"16% 规则"(默认)
$\sqrt{\ }$ $Ra\ 3.2$	去除材料,单向上限值,默认传输带,R 轮廓,粗糙度的算术平均偏差 3.2 μm,评定长度为 5 个取样长度(默认),"16% 规则"(默认)
$\sqrt{\ }$ $Ra\ 3.2$	任意加工方法,单向上限值,默认传输带,R 轮廓,粗糙度的算术平均偏差 3.2 μm,评定长度为 5 个取样长度(默认),"16% 规则"(默认)
铣 $\sqrt{\ }$ $Ra\ 3.2$	铣削加工,加工余量为 2 mm,单向上限值,默认传输带,R 轮廓,粗糙度的算术平均偏差 3.2 μm,评定长度为 5 个取样长度(默认),"16% 规则"(默认)

4. 表面结构代号在图样上的标注

在零件图中,表面结构标注总的原则是根据 GB/T 4458.4—2003 的规定,使表面结构的注写和读取方向与尺寸的注写和读取方向一致,具体如表 5-5 所示。

表 5-5 表面结构代(符)号在图样上的注写示例

笔记

注写示例	说明
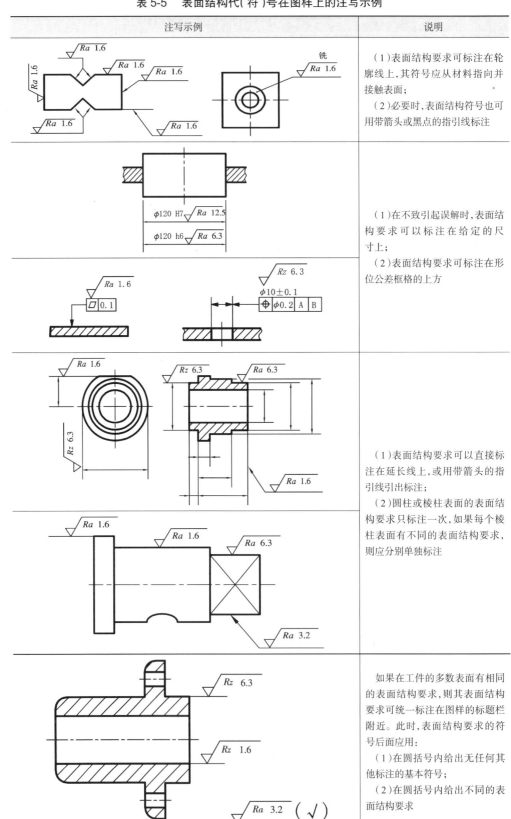	（1）表面结构要求可标注在轮廓线上,其符号应从材料指向并接触表面; （2）必要时,表面结构符号也可用带箭头或黑点的指引线标注
	（1）在不致引起误解时,表面结构要求可以标注在给定的尺寸上; （2）表面结构要求可标注在形位公差框格的上方
	（1）表面结构要求可以直接标注在延长线上,或用带箭头的指引线引出标注; （2）圆柱或棱柱表面的表面结构要求只标注一次,如果每个棱柱表面有不同的表面结构要求,则应分别单独标注
	如果在工件的多数表面有相同的表面结构要求,则其表面结构要求可统一标注在图样的标题栏附近。此时,表面结构要求的符号后面应用: （1）在圆括号内给出无任何其他标注的基本符号; （2）在圆括号内给出不同的表面结构要求

续表

注写示例	说明
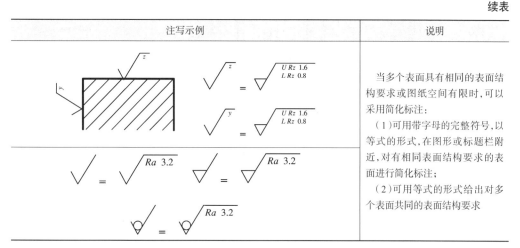	当多个表面具有相同的表面结构要求或图纸空间有限时,可以采用简化标注: (1)可用带字母的完整符号,以等式的形式,在图形或标题栏附近,对有相同表面结构要求的表面进行简化标注; (2)可用等式的形式给出对多个表面共同的表面结构要求

二、公差配合及其标注

1. 零件的互换性

在成批生产进行机器装配的零件时,要求一批相配合的零件只要按零件图要求加工出来,不经任何选择或修配,任取一对进行装配后,即可达到设计的工作性能要求,零件间的这种性质称为互换性。

思想是行动的先导,理论是实践的基石。理解和掌握互换性的内涵是正确标注公差的前提。

2. 公差的基本术语和定义

为了保证零件的互换性,必须将零件尺寸的加工误差限制在一定的范围内,规定出尺寸的允许变动量,因而形成了公差与配合的一系列概念,如图 5-29 和表 5-6 所示。

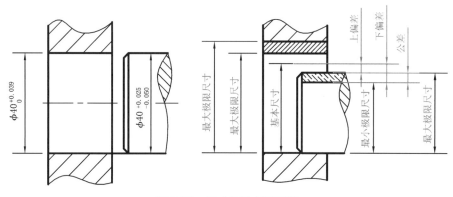

图 5-29 尺寸公差名词解释

表 5-6　公差的基本术语

术语	含义	术语	含义
公称尺寸	设计时给定的尺寸	实际尺寸	通过加工后零件所得的尺寸,包含实际测量误差
极限尺寸	允许零件尺寸变化的两个界限值,以公称尺寸为基数来确定,其中较大的一个称为最大极限尺寸,较小的一个称为最小极限尺寸	尺寸偏差	极限尺寸减其公称尺寸所得代数差称为极限偏差。极限偏差分为上极限偏差和下极限偏差,上极限偏差等于最大极限尺寸减去公称尺寸,下极限偏差等于最小极限尺寸减去公称尺寸
尺寸公差	允许尺寸的变动量,简称公差。尺寸公差等于最大极限尺寸与最小极限尺寸的代数差或上极限偏差与下极限偏差的差	零线	在公差带图中,确定偏差的一条基准直线,通常取公称尺寸作为零线
尺寸公差带	由代表上、下极限偏差的两平行直线所限定的区域		

注:

　　1.公差仅表示尺寸允许变动的范围,所以一定是正值。

　　公差=最大极限尺寸-最小极限尺寸

　　公差=上极限偏差-下极限偏差

　　2.国标规定了偏差代号:孔的上极限偏差用 ES、孔的下极限偏差用 EI 表示;轴的上极限偏差用 es、轴的下极限偏差用 ei 表示。即(对于孔):

　　上极限偏差(ES)=最大极限尺寸-公称尺寸

　　下极限偏差(EI)=最小极限尺寸-公称尺寸

用适当的比例画成两个极限偏差表示的公差带,称为公差带图,如图 5-30 所示。

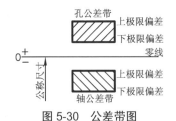

图 5-30　公差带图

3. 标准公差与基本偏差

国家标准 GB/T 1800.1—2009 中规定,公差带是由标准公差和基本偏差组成。标准公差确定公差带的大小,基本偏差确定公差带的位置。

1)标准公差

标准公差是国家标准所列的,用以确定公差带大小的任一公差。它的数值由公称尺寸和公差等级所确定。标准公差分为 20 个等级,即 IT01、IT0、IT1、IT2~IT18。IT 表示标准公差,数字表示公差等级, IT01 公差值最小,精度最高; IT18 公差值最大,精度最低。标准公差值可由表 5-7 中查出。标准公差可决定单个尺寸在加工时所确定的精确程度。

笔记

表 5-7　标准公差数值（GB/T 1800.3—1998）

公称尺寸 /mm		标准公差等级																			
大于	至	IT01	IT0	IT1	IT2	IT3	IT4	IT5	IT6	IT7	IT8	IT9	IT10	IT11	IT12	IT13	IT14	IT15	IT16	IT17	IT18
		μm													mm						
—	3	0.3	0.5	0.8	1.2	2	3	4	6	10	14	25	40	60	0.1	0.14	0.25	0.40	0.60	1.0	1.4
3	6	0.4	0.6	1	1.5	2.5	4	5	8	12	18	30	48	75	0.12	0.18	0.30	0.48	0.75	1.2	1.8
6	10	0.4	0.6	1	1.5	2.5	4	6	9	15	22	36	58	90	0.15	0.22	0.36	0.58	0.90	1.5	2.2
10	18	0.5	0.8	1.2	2	3	5	8	11	18	27	43	70	110	0.18	0.27	0.43	0.70	1.10	1.8	2.7
18	30	0.6	1	1.5	2.5	4	6	9	13	21	33	52	84	130	0.21	0.33	0.52	0.84	1.30	2.1	3.3
30	50	0.6	1	1.5	2.5	4	7	11	16	25	39	62	100	160	0.25	0.39	0.62	1.00	1.60	2.5	3.9
50	80	0.8	1.2	2	3	5	8	13	19	30	46	74	120	190	0.30	0.46	0.74	1.20	1.90	3.0	4.6
80	120	1	1.5	2.5	4	6	10	15	22	35	54	87	140	220	0.35	0.54	0.87	1.40	2.20	3.5	5.4
120	180	1.2	2	3.5	5	8	12	18	25	40	63	100	160	250	0.40	0.63	1.00	1.60	2.50	4.0	6.3
180	250	2	3	4.5	7	10	14	20	29	46	72	115	185	290	0.46	0.72	1.15	1.85	2.90	4.6	7.2
250	315	2.5	4	6	8	12	16	23	32	52	81	130	210	320	0.52	0.81	1.30	2.10	3.2	5.2	8.1
315	400	3	5	7	9	13	18	25	36	57	89	140	230	360	0.57	0.89	1.40	2.30	3.60	5.7	8.9
400	500	4	6	8	10	15	20	27	40	63	97	155	250	400	0.63	0.97	1.55	2.50	4.00	6.3	9.7

注：公称尺寸小于或等于 1 mm 时，无 IT14～IT18。

使用要求决定公差等级,公差等级决定零件尺寸的制造精度,制造精度则与生产成本紧密地联系在一起。所以,公差等级的选用原则是在满足使用要求的前提下,尽量取较低的公差等级。

公差等级的选用常常采用类比法,表 5-8 可供类比分析时参考。

表 5-8　公差等级的应用

公差等级	应用举例
IT5	用于发动机、仪器仪表、机床中特别重要的配合,如发动机中活塞与活塞销外径的配合;精密仪器中轴和轴承的配合;精密高速机械的轴颈和机床主轴与高精度滚动轴承的配合
IT8、IT9	用于农业机械、矿山、冶金机械、运输机械的重要配合和精密机械中的次要配合,如机床中的操纵件和轴,轴套外径与孔,拖拉机中齿轮和轴
IT10	重型机械、农业机械的次要配合,如轴承端盖和座孔的配合
IT11	用于要求很粗糙、间隙较大的配合,如农业机械、机车车箱部件及冲压加工的配合零件
IT12	用于要求很粗糙、间隙很大、基本上无配合要求的部位,如机床制造中扳手孔与扳手座的连接

2)基本偏差

基本偏差是国家标准所列的,用以确定公差带相对于零线位置的上极限偏差或下极限偏差,一般指靠近零线的那个偏差。

如图 5-31 所示,孔和轴的基本偏差系列共有 28 种。它的代号分别用大、小写拉丁字母表示,大写表示孔、小写表示轴。当公差带在零线的上方时,基本偏差为下极限偏差,反之则为上极限偏差。在基本偏差系中, A~H(a~h)的基本偏差用于间隙配合,J~ZC(j~zc)用于过渡配合和过盈配合,如图 5-32 所示。

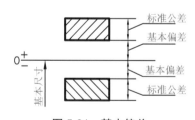

图 5-31　基本偏差

基本偏差数值可从国标和有关手册中查得。

基本偏差是决定公称尺寸相同的孔和轴在相配时,以达到不同松紧程度的三种配合性质,其公差带离零线的位置。

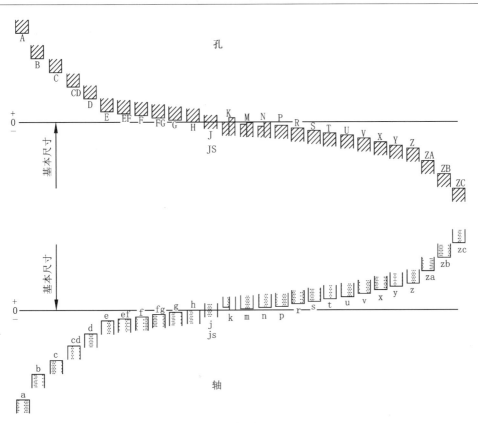

图 5-32　基本偏差系列

4. 配合

公称尺寸相同的,相互结合的孔和轴公差带之间的关系,称为配合。根据相互结合的孔与轴公差带之间的不同,国家标准规定配合分成三类,如图 5-33 所示。

(1)间隙配合,保证具有间隙(包括最小间隙等于零)的配合,孔的公差带在轴的公差带之上,如图 5-33(a)所示。

(2)过盈配合,保证具有过盈(包括最小过盈等于零)的配合,孔的公差带在轴的公差带之下,如图 5-33(b)所示。

(3)过渡配合,可能具有间隙也可能具有过盈的配合,孔的公差带与轴的公差带相互交叠,如图 5-33(c)所示。

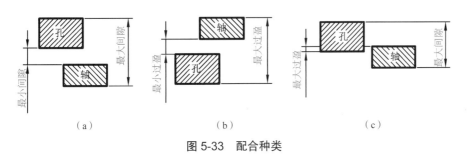

图 5-33　配合种类

5. 配合制度

同一极限制的孔和轴组成配合的一种制度，称为配合制。国家标准规定了两种配合制度，即基孔制和基轴制。

（1）基孔制。基本偏差为一定的孔的公差带与不同基本偏差的轴的公差带形成各种配合的一种制度。基孔制的孔为基准孔，轴是非基准件，称为配合轴。同时规定，基准孔的基本偏差是下偏差，且等于零，并且以基本偏差代号 H 表示基孔制。

（2）基轴制。基本偏差为一定轴的公差带与不同基本偏差的孔的公差带形成各种配合的一种制度。在基轴制中，轴是基准件，称为基准轴；孔是非基准件，称为配合孔。同时规定，基准轴的基本偏差是上偏差，且等于零，并以基本偏差代号 h 表示基轴制。

（3）基准制的选择。一般来说，加工孔比加工轴困难，在一般情况下优先采用基孔制配合。在同一个轴与几个具有不同公差带的孔配合或当使用不需加工的冷拉传动轴时，应采用基轴制。若一根等直径的光轴，需在不同部位装上配合要求不同的零件时，也要采用基轴制。

> **注：**
>
> 当结构设计要求不适宜采用基孔制或者采用基轴制具有明显经济效果的场合，应采用基轴制。

根据轴（孔）基本偏差代号可确定配合种类：在基孔制（基轴制）配合中，基本偏差 a~h（A~H）用于间隙配合，基本偏差 js~m（JS~M）一般用于过渡配合，基本 n~zc（N~ZC）用于过盈配合。

> **注：**
>
> 国家标准规定的公称尺寸大于 1mm 到 500 mm 优先配合和常用配合 (GB/T 1801—2009)，具体见表 5-9 和表 5-10。

表 5-9　基孔制优先、常用配合（GB/T 1801—2009）

基准孔	a	b	c	d	e	f	g	h	js	k	m	n	p	r	s	t	u	v	x	y	z
				间隙配合						过渡配合							过盈配合				
H6							$\frac{H6}{g5}$	$\frac{H6}{h5}$	$\frac{H6}{js5}$	$\frac{H6}{k5}$	$\frac{H6}{m5}$	$\frac{H6}{n5}$	$\frac{H6}{p5}$	$\frac{H6}{r5}$	$\frac{H6}{s5}$	$\frac{H6}{t5}$					
H7						$\frac{H7}{f6}$	$\frac{H7}{g6}$ ▲	$\frac{H7}{h6}$ ▲	$\frac{H7}{js6}$	$\frac{H7}{k6}$ ▲	$\frac{H7}{m6}$	$\frac{H7}{n6}$ ▲	$\frac{H7}{p6}$ ▲	$\frac{H7}{r6}$	$\frac{H7}{s6}$	$\frac{H7}{t6}$	$\frac{H7}{u6}$ ▲	$\frac{H7}{v6}$	$\frac{H7}{x6}$	$\frac{H7}{y6}$	$\frac{H7}{z6}$
H8					$\frac{H8}{e7}$	$\frac{H8}{f7}$ ▲	$\frac{H8}{g7}$	$\frac{H8}{h7}$ ▲	$\frac{H8}{js7}$	$\frac{H8}{k7}$	$\frac{H8}{m7}$	$\frac{H8}{n7}$	$\frac{H8}{p7}$	$\frac{H8}{r7}$	$\frac{H8}{s7}$	$\frac{H8}{t7}$	$\frac{H8}{u7}$				
				$\frac{H8}{d8}$	$\frac{H8}{e8}$	$\frac{H8}{f8}$		$\frac{H8}{h8}$													
H9			$\frac{H9}{c9}$	$\frac{H9}{d9}$ ▲	$\frac{H9}{e9}$	$\frac{H9}{f9}$		$\frac{H9}{h9}$ ▲													
H10			$\frac{H10}{c10}$	$\frac{H10}{d10}$				$\frac{H10}{h10}$													
H11	$\frac{H11}{a11}$	$\frac{H11}{b11}$	$\frac{H11}{c11}$ ▲	$\frac{H11}{d11}$				$\frac{H11}{h11}$ ▲													
H12		$\frac{H12}{b12}$						$\frac{H12}{h12}$													

标▲者为优先配合

注：$\frac{H6}{n5}$、$\frac{H7}{p6}$ 在基本尺寸小于或等于 3 mm 和 $\frac{H8}{r7}$ 在基本尺寸小于或等于 100 mm 时，为过渡配合。

表 5-10　基轴制优先、常用配合(GB/T 1801—2009)

基准轴	A	B	C	D	E	F	G	H	JS	K	M	N	P	R	S	T	U
				间隙配合						过渡配合				过盈配合			
h5						$\frac{F6}{h5}$	$\frac{G6}{h5}$	$\frac{H6}{h5}$	$\frac{JS6}{h5}$	$\frac{K6}{h5}$	$\frac{M6}{h5}$	$\frac{N6}{h5}$	$\frac{P6}{h5}$	$\frac{R6}{h5}$	$\frac{S6}{h5}$	$\frac{T6}{h5}$	
h6						$\frac{F7}{h6}$	$\frac{G7}{h6}$▲	$\frac{H7}{h6}$▲	$\frac{JS7}{h6}$	$\frac{K7}{h6}$▲	$\frac{M7}{h6}$	$\frac{N7}{h6}$▲	$\frac{P7}{h6}$▲	$\frac{R7}{h6}$	$\frac{S7}{h6}$▲	$\frac{T7}{h6}$	$\frac{U7}{h6}$▲
h7				$\frac{D8}{h7}$	$\frac{E8}{h7}$	$\frac{F8}{h7}$▲		$\frac{H8}{h7}$▲	$\frac{JS8}{h7}$	$\frac{K8}{h7}$	$\frac{M8}{h7}$	$\frac{N8}{h7}$					
h8				$\frac{D8}{h8}$	$\frac{E8}{h8}$	$\frac{F8}{h8}$		$\frac{H8}{h8}$▲									
h9				$\frac{D9}{h9}$▲	$\frac{E9}{h9}$	$\frac{F9}{h9}$		$\frac{H9}{h9}$▲									
h10				$\frac{D10}{h10}$				$\frac{H10}{h10}$									
h11	$\frac{A11}{h11}$	$\frac{B11}{h11}$	$\frac{C11}{h11}$▲	$\frac{D11}{h11}$				$\frac{H11}{h11}$									
h12		$\frac{B12}{h12}$						$\frac{H12}{h12}$									

标▲者为优先配合

6. 公差与配合的标注

1）公差在零件图中的标注

在零件图中标注线性尺寸的公差有三种形式，如图 5-34 所示。

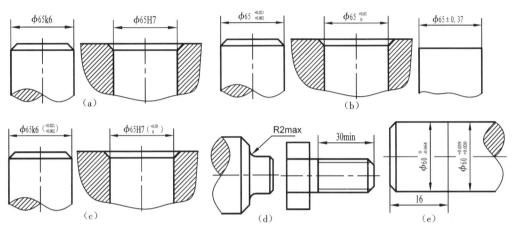

图 5-34 公差在零件图中的标注

（1）在孔和轴的公称尺寸后面标注公差带代号，这种注法常用于大批量生产中，由于需采用专用量具检验零件，因此不需要标注出偏差值。

（2）在孔和轴的公称尺寸后面只注写上、下极限偏差数值，上、下极限偏差数字的高度为尺寸数字高度的 2/3，这种注法常用于小批量或单件生产，以便于加工检验时对照。在零件图中多采用此种标注方法。

（3）在孔和轴的公称尺寸后面既标注公差带代号，又注上、下极限偏差数值，但偏差数值要加注括号，这种注法主要用于非标准配合。当尺寸仅需要限制单方向的极限时，应在该极限尺寸的右边加注符号"max"或"min"；同一公称尺寸的表面，若有不同的公差，应用细实线分开，并按规定的形式分别标注其公差。

2）配合在装配图中的标注

在装配图中标注两个零件的配合关系有两种形式：标注配合代号、标注孔和轴的极限偏差值，如图 5-35 所示。

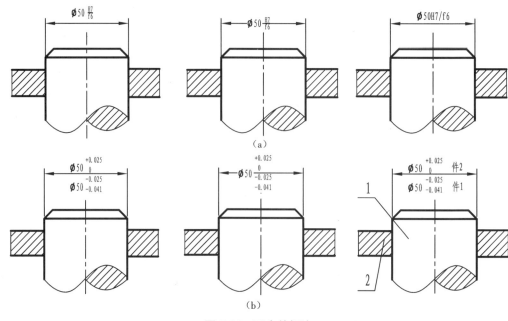

图 5-35　配合的标注

　　当标注与标准件配合的零件(轴或孔)的配合要求时,可以仅标注该零件的公差带代号,如图 5-36 所示。

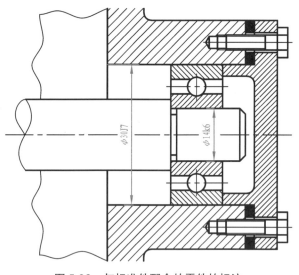

图 5-36　与标准件配合的零件的标注

> **配合代号的识别:**
>
> 　　φ 50 H8/f7——表示公称尺寸为 50,基孔制的间隙配合,基准孔的公差带为 H8(基本偏差为 H,公差等级为 8 级),轴的公差带为 f7(基本偏差为 f,公差等级为 7 级)。

7. 未注公差尺寸

未注公差尺寸指图样上未标注极限偏差或公差带代号的尺寸。

为了简化制图,使图面清晰,并突出那些必须标注公差的尺寸,故其他尺寸在图纸上不标注公差。未注公差尺寸的公差等级规定为 IT12~IT18。

未注公差情况通常用于以下场合。

（1）非配合尺寸:一般情况下,对它们仅在装配方便、减轻质量、节约材料、外形统一美观等方面有一些限制性要求,但这些尺寸公差要求较低,用一般加工方法便能经济地达到。

（2）用工艺方法保证要求的一些尺寸:如冲压件的尺寸由冲模决定,铸件的尺寸与木模有关,只要冲模、木模的尺寸正确,则工件尺寸的变动量可限制于某一范围内。

三、几何公差及其标注（ GB/T 1182—2008 ）

几何公差即形状公差和位置公差,它是指零件的实际形状和位置相对于理想形状和位置的允许变动量。

> **注:**
> 旧国家标准中,几何公差称为形状与位置公差(简称形位公差),现有参考资料及工程界中仍存在"形位公差"这一名称。

零件加工后,不仅存在尺寸误差,而且还会产生几何形状和相互位置误差,如图 5-37 所示。如果零件在加工时所产生的形状和位置误差过大,将会影响机器的质量。因此,对加工的零件要根据实际需要,在图样上注出相应的形状公差和位置公差。

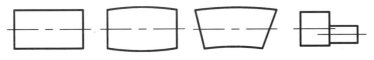

图 5-37　几何误差

1. 几何公差的分类和符号

几何公差特征项目共 14 项,分属形状公差、位置公差、方向公差及跳动公差四类,如表 5-11 所示。其中,线轮廓度、面轮廓度既是形状公差也是位置公差和方向公差。几何公差的附加符号如表 5-12 所示。

表 5-11 几何公差的几何特征符号

分类	名称	符号	有无基准	分类	名称	符号	有无基准
形状公差	直线度	—	无	位置公差	同心度(用于中心点)	◎	有
	平面度	▱	无		同轴度(用于轴线)	◎	有
	圆度	○	无		对称度	=	有
	圆柱度	⌭	无		位置度	⊕	有或无
	线轮廓度	⌒	无		线轮廓度	⌒	有
	面轮廓度	⌓	无		面轮廓度	⌓	有
方向公差	平行度	//	有	方向公差	面轮廓度	⌓	有
	倾斜度	∠	有		垂直度	⊥	有
	线轮廓度	⌒	有				
跳动公差	全跳动	⌰	有	跳动公差	圆跳动	↗	有

表 5-12 几何公差的附加符号

符号	说明	符号	说明
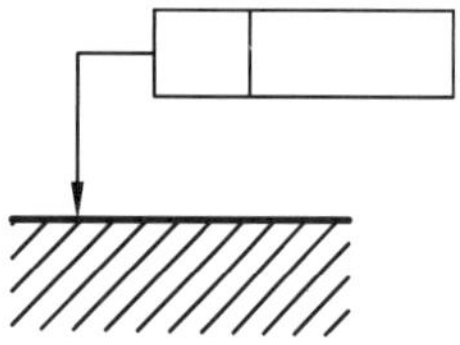 (被测要素指引)	被测要素	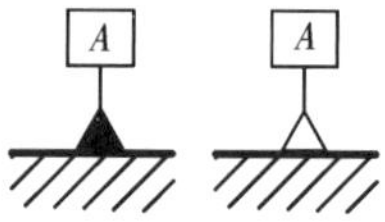 Ⓐ (基准)	基准要素
φ2/A1 (圆圈)	基准目标	 (全周符号)	全周(轮廓)
Ⓕ	自由状态条件(非刚性零件)	Ⓔ	包容要求
50	理论正确尺寸	CZ	公共公差带
Ⓟ	延伸公差带	LD	小径
Ⓜ	最大实体要求	MD	大径
Ⓛ	最小实体要求	PD	中径、节径
ACS	任意横截面	LE	线素
NC	不凸起		

2. 几何公差代号和基准代号的绘制

几何公差代号和基准代号如图 5-38 所示。

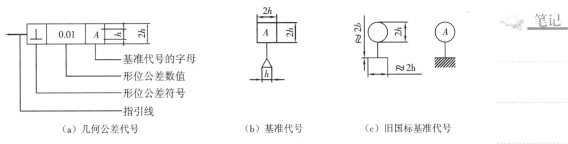

（a）几何公差代号　　　　　（b）基准代号　　　　　（c）旧国标基准代号

图 5-38　几何公差代号和(新旧)基准代号

注:教材部分案例的基准代号仍采用旧国标标准。

3. 几何公差标注

如图 5-39 所示,对同一个要素有一个以上的公差项目特征要求时,可将一个框格放在另一个框格的下面。

当公差涉及轮廓线或表面时,将箭头置于要素的轮廓线或轮廓线的延长线上(但必须与尺寸线明显地分开),如图 5-40 所示。

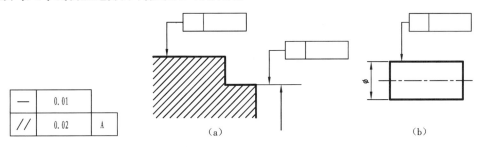

（a）　　　　　　　　　　　　　（b）

图 5-39　两个框格画法　　　　　　　**图 5-40　被测要素是轮廓线或表面**

如图 5-41 所示,当公差涉及轴线、中心平面或尺寸要素确定的点时,则带箭头的指引线应与尺寸线的延长线重合。

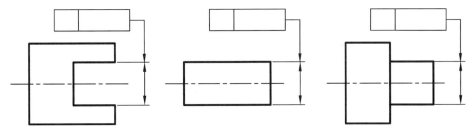

图 5-41　被测要素为轴线或中心平面

基准代号的标注情况如图 5-42 所示。

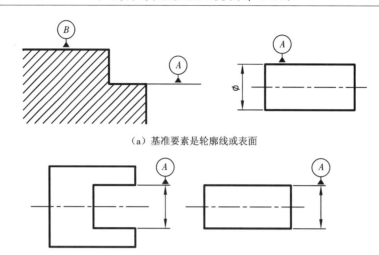

（a）基准要素是轮廓线或表面

（b）基准要素是轴线或中心平面

图 5-42　基准代号标注

4. 几何公差标注示例

如图 5-43 所示,四个圆孔与中心孔有位置度要求,基准为中心孔的轴线,基准要素和公差采用最大实体要求,且公差为 $\phi\,0.05\ \mu m$。

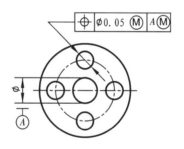

图 5-43　位置度标注示例

图 5-44(a)所示为不同表面具有相同数值的公差要求,在同一引线上画出两个(多个)箭头分别与被测要素相连;图 5-44(b)所示为同一公差控制两个被测要素,在公差框格上标注"共面",若被测要素为线,则应标注"共线"。

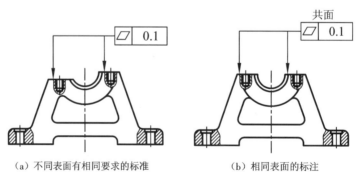

（a）不同表面有相同要求的标准　　　　（b）相同表面的标注

图 5-44　平面度标注示例

任务五　零件图的识读

在设计和制造机器的实际工作中,一般需要通过识读零件图,了解零件的结构、尺寸及其技术要求等,用来指导设计或后续的制造工作。

一、阅读零件图的任务与要求

(1)了解零件的名称、材料和功用(包括各组成形体的作用)。

(2)分析视图,看懂组成零件各部分结构的形状、特点以及它们之间的相对位置,看懂零件各部分的结构形状。

(3)理解零件尺寸,并了解其技术要求。

二、阅读零件图的方法与步骤

步骤一:看标题栏,粗略了解零件

了解零件的名称、材料、比例、数量等,粗略了解零件的功用、大致的加工方法和零件的结构特点。

步骤二:分析研究视图,明确表达目的

从主视图看起,根据投影关系识别其他视图的名称和投影方向,弄清各视图之间的关系及视图表达的重点内容和采用的表达方法。

步骤三:深入分析视图,想象零件的结构形状

利用形体分析法对零件进行分析,从零件整体入手,将零件大致划分为几个组成部分,然后仔细分析每部分的内外形特点,想象出每部分的空间结构,最后再综合想象出零件的整体结构形状。

步骤四:分析尺寸,弄清尺寸要求

(1)根据零件的结构特点、设计和制造工艺要求,找出尺寸基准,分清设计基准和工艺基准,明确尺寸种类和标注形式。

(2)分析影响性能的功能尺寸标注是否合理,标准结构要素的尺寸标注是否符合要求,其余尺寸是否满足工艺要求。

(3)分析零件尺寸是否标注齐全等。

步骤五:分析技术要求,综合看懂全图

根据零件在机器中的作用,分析零件的表面结构、尺寸公差、形位公差标注是否正确、合理,能否既满足加工要求,又可保证生产的经济性。

总结上述内容并进行综合分析,对零件已有了全面了解。但还应综合考虑零件的结构和工艺是否合理,表达方案是否恰当,检查有无错看或漏看的地方,以便加深对零件图的理解,彻底弄通。

笔记

三、零件图阅读示例

识读图 5-45 所示输出轴零件图。

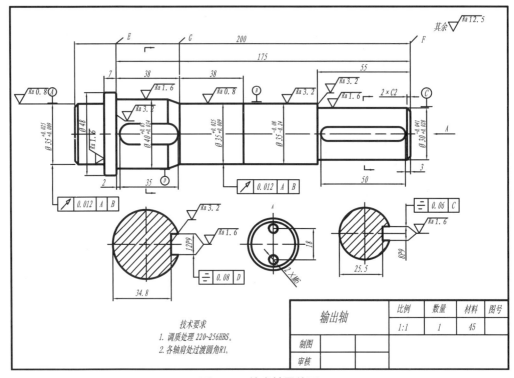

图 5-45　输出轴零件图

1. 看标题栏,粗略了解零件

从标题栏可知,零件的名称是输出轴,材料是 45 钢,比例是 1:1。由名称可知,零件是利用传动件将动力进行输出的轴。根据专业常识可知,轴一般要和传动件相配合来传递动力,故轴上一般都有键槽、轴肩等结构。

2. 分析研究视图,明确表达目的

该零件采用一个主视图、一个 A 向局部视图和两个移出断面图表达。主视图按加工位置水平放置,表达该轴是由五段直径不同并在同一轴线上的回转体组成的。其轴向尺寸远大于径向尺寸。用 A 向局部视图表达轴右端面两个螺孔的大小及分布情况。采用两个移出断面分别表达φ40 和φ30 两段轴颈上键槽的形状结构。此外,轴上还有倒角、圆角、退刀槽等工艺结构。

3. 深入分析视图,想象零件的结构形状

对输出轴进行形体分析可知,此轴主要结构就是回转体,在配合表面处设有轴肩,利用平键和传动件连接,故轴上开有键槽。端面有倒角,右端面还有螺纹孔。

通过上述分析,可想象出零件的整体结构如图 5-46 所示。

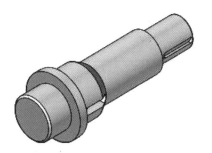

图 5-46　输出轴整体结构

4. 分析尺寸,弄清尺寸要求

根据设计要求,轴线为径向尺寸的主要基准。$\phi48$ 轴肩右端面 E 面为该轴长度方向尺寸的主要基准。根据加工工艺要求确定右端面 F 为第一辅助基准,C 面为第二辅助基准。主要基准与两个辅助基准之间的定位尺寸分别为 175 和 38。另外,确定左键槽、右键槽的定位尺寸分别为 2 和 3。区别 $\phi35$ 轴颈上不同表面结构的定位尺寸是 38。两个 M6 螺孔的定位尺寸是 18,其他均为定形尺寸。

5. 分析技术要求,综合看懂全图

从图中可知,注有极限偏差数值的尺寸(如 $\phi35^{+0.025}_{+0.009}$),以及有公差带代号的尺寸(如 12P9)等,都是保证配合质量的尺寸,均有一定的公差要求。$\phi35$ 轴颈的表面结构 Ra 值最小,其 Ra 值为 0.8 μm;轴颈 $\phi40$ 和 $\phi30$ 以及与键配合的两键槽工作面的表面结构 Ra 值均为 1.6 μm,其余未注表面结构 Ra 值为 12.5 μm。此外,有配合要求的轴颈、重要端面及键槽工作面都有形位公差要求。如两个圆柱面对这两段轴颈的公共轴线(A-B)的径向圆跳动公差为 0.012 mm;$\phi48$ 轴左端面对两端轴颈的公共轴线(A-B)的端面圆跳动公差为 0.012 mm;12P9 键槽的两工作面对轴线的对称度公差为 0.08 mm;8P9 键槽的两工作面对轴线的对称度公差为 0.06 mm。在文字说明中,要求该零件需经调质处理到 220~256 HBS,各轴肩处未注过渡圆角均为 R1。所有结构的未注圆角为 R3~R5。

例:识读图 5-47 蜗杆减速箱零件图。

①看标题栏,粗略了解零件。

从标题栏中可知零件名称是蜗杆减速箱,它是用来容纳和支承一对相互啮合的蜗杆蜗轮的箱体。工作时箱内储有定量的润滑油,材料为灰铸铁 HT150,比例为 1:2 等。

②分析研究视图,明确各视图表达的内容。

主视图按工作位置投影,并采用半剖视图,既表达了箱体空腔和蜗杆轴孔的内部形状结构,又表达了箱体的外形结构及圆形壳体前端面的六个 M8-6H 螺孔的分布情况。左视图采用全剖视,在进一步表达箱体空腔形状结构的同时,着重表达圆形壳体后的轴孔和箱体上方注油螺孔 M20-6H 和下方排油螺孔 M14-6H 深 20 的形状结构以及加强肋的形状。A 向局部视图补充表达肋板的形状和位置。B 向局部视图补充表达

圆筒体两端外形及端面上三个 M10 螺孔的分布情况。C 向视图着重表达减速箱底平面和凹槽的形状大小及四个安装孔的分布情况。

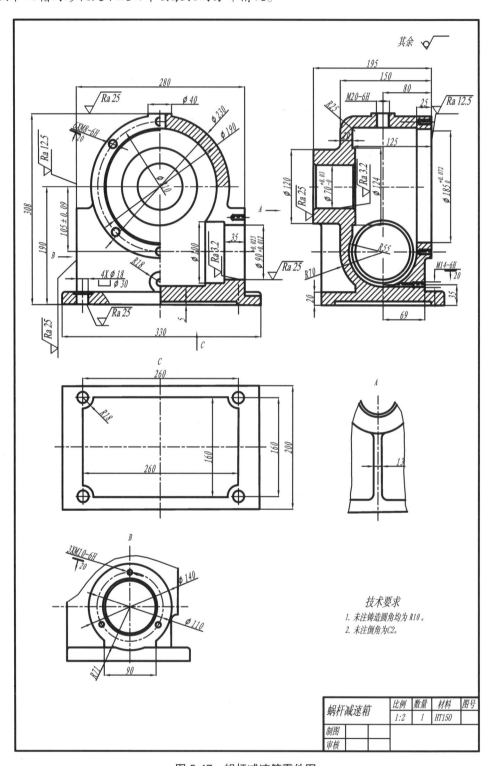

图 5-47　蜗杆减速箱零件图

对照视图分析可知,该箱体主要由圆形壳体、圆筒体和底板三大部分构成。圆形壳体和圆筒体的轴线相互垂直交叉而形成的空腔,就是用来容纳蜗轮和蜗杆的。为了支承并保证蜗轮蜗杆平稳啮合,圆形壳体的后面和圆筒体的左、右两侧配有相应的轴孔。底座为一长方形板块,主要用于支承和安装减速箱箱体。底座下方开有长方形凹槽,以保证安装基面平稳接触。

③深入分析视图,查看标注尺寸,想象零件的整体结构。

鉴于箱体结构比较复杂,尺寸数量繁多,因此通常运用形体分析的方法逐个分析尺寸。箱体的对称平面、主要孔的轴线、较大的加工平面或安装基面常作为长、宽、高三个方向尺寸的主要基准。

该箱体由于左、右结构对称,故选用对称中心平面 D 作为长度方向尺寸的主要基准,由此标出凸台直径 $\phi40$、$\phi100$ 以及内孔轴向间距尺寸 160 和四个 $\phi18$ 固定孔的孔心距 260 等定位尺寸。

由于蜗轮、蜗杆啮合区正处在蜗杆轴线的中心平面上,所以宽度方向尺寸的主要基准应确定在该轴线中心平面 E 上,由此标出壳体前端面尺寸 80、排油孔前端面尺寸 69 及四个 $\phi18$ 固定孔的中心距 160 等定位尺寸。另外考虑工艺要求,选择 $\phi230$ 壳体前端面 F 为宽度方向尺寸的辅助基准,并由此标出距 $\phi70^{+0.030}_{+0}$ 孔前端面的定位尺寸 195。

由于箱体的底面是安装基面,各轴孔、螺孔及其他高度方向的结构均以底面为基准加工并测量尺寸,故箱体底平面 G 为高度方向尺寸的主要基准。由此标出 M14 螺孔的定位尺寸 35、$\phi70^{+0.030}_{+0}$ 孔轴线的定位尺寸 190。为保证蜗轮、蜗杆的装配质量和其他结构的加工精度,以 $\phi185^{+0.072}_{+0}$ 孔和 $\phi70^{+0.030}_{+0}$ 轴孔的公共轴线为高度方向尺寸的辅助基准,并由此标出到蜗杆轴孔 $\phi90^{+0.023}_{+0.012}$ 轴线的距离 105 ± 0.09,这是一个重要的定位尺寸。

根据视图分析和尺寸分析,可以想象出零件的整体结构形状,如图 5-48 所示。

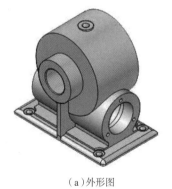
（a）外形图

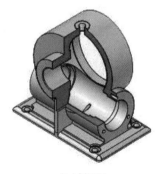
（b）剖视图

图 5-48　蜗杆减速箱结构

④分析技术要求,综合分析,真正读懂全图

为确保蜗轮、蜗杆的装配质量,各轴孔的定形、定位尺寸均注有极限偏差,如 $\phi 70^{+0.030}_{+0}$、$\phi 90^{+0.023}_{+0.012}$、$105 \pm 0.09$ 都属于配合尺寸。箱体的重要工作部位主要集中在蜗轮轴孔和蜗杆轴孔的孔系上,这些部位的尺寸公差、表面结构和形位公差将直接影响减速器的装配质量和使用性能,所以图中各轴孔内表面及蜗轮轴孔前端面表面结构 Ra 值均为 3.2 μm,另几个有接触要求的表面结构 Ra 值分别为 12.5 μm、25 μm 等,其余为不加工表面。

其他未注铸造圆角为 $R10$,未注倒角为 $C2$。

四、飞机结构图纸的常用符号

飞机结构图纸上常用一些简单的符号或者规定的画法来分别表达某种含义,以使图纸简洁易读。飞机结构常用的符号、含义及其应用如表 5-13 所示。

表 5-13　飞机结构图纸常用符号

名称	符号	说明及应用	示例
中心线	C̶L	表达物体的中心轴线或者对称中心平面	STRUT WL97 C̶L ENGINE
旗标		用于对结构某处的标记并作详细说明。在旗标符号内标注数字、字母或用于表达旗标箭头所指处的标记,详细说明在零件清单中描述	NAG 1304–ISD NAG 43DD4–19(2) AN 960 D416 AN 310–4 MS 24665–153 INSTALL COTTER PIN PER BAC 5018
方向指标	UP ←FWD INBD	表明视图或者某个零件相对飞机坐标的方向	VIEW A—A UP FWD
坐标孔	⊕K	用于安装零件、组件或装配	C̶L B B UP 90° X.19R 5 ⊕K

续表

名称	符号	说明及应用	示例
工艺孔	T⊕H	用于定位的工艺孔,在制造零件的加工过程中保持零部件定位	
站位	STA 360	用于表示机身站位(STA)、水线站位(WL)、纵剖线站位(BL)	

五、飞机管子零件图画法

（1）简单的管子零件,可作为无图件处理,在所属装配图中详细表达形状和尺寸即可。

（2）飞机导管零件图,允许用单根粗实线表示,对于较长的导管,可采用断开画法,断开处的边界用波浪线表示,断开部位不得画在导管弯曲处,导管端部结构应采用局部放大图表示,如图 5-49 所示。

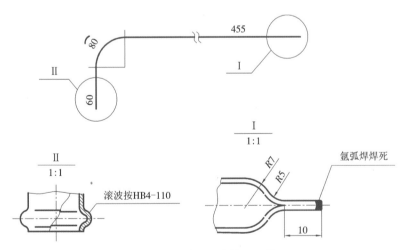

图 5-49 某飞机的管子零件

思考题

1. 一张零件图中包括哪些内容?

2. 确定零件图的主视图时,应该注意的三个原则是什么?

3. 对于轴套类零件,其主视图的轴线应如何放置?

4. 盘盖类零件的主视图应该如何放置?

5. 选择叉架类零件和箱体类零件的主视图时,应该注意哪些问题?

6. 常见的铸件工艺结构有哪些? 常见的机械加工工艺结构有哪些?

7. 铸造圆角半径如何确定?

8. 在曲面上加工圆孔时,一般作何结构设计?

9. 倒角和圆角如何画出?

10. 什么是尺寸基准? 尺寸基准分为哪两种类型?

11. 选择基准时,应注意哪些问题?

12. 零件图尺寸标注形式有哪几种?

13. 尺寸标注的注意事项有哪些?

14. 掌握表面结构的概念,表面结构的主要参数有哪些?

15. 表面结构的参数标注在哪些规定的位置?

16. 熟悉尺寸公差各名词的含义。

单元六　标准件和常用件

学习内容:

1. 了解常用件、标准件的基本概念;

2. 了解螺纹紧固件、键、销、轴承、齿轮、弹簧等常用件、标准件的种类及其结构,熟悉其规定画法及其标注方法,能够绘制、阅读标准件和常用件零件图。

机器中广泛应用的螺栓、螺母、齿轮、轴承、键、销等机械零件,这些经常使用的机械零件称为常用件。其中,有些常用件的结构已经标准化,如键、销等连接件,称为标准件。标准件是经过优选、简化、统一,并给予标准代号的通用零、部件。有些常用件的结构也实行了部分标准化,如齿轮、蜗杆、蜗轮等。

标准件及部分标准化了的零件一般都有专用机床和专用刀具,可大量成批生产。因而,它们比较复杂的结构要素无须按其形状真实绘制,国家标准《机械制图》中规定了相应的简化画法,以便于绘图及读图。

任务一　螺纹紧固件

一、螺纹紧固件的种类

螺纹紧固是利用一对内、外螺纹的连接作用来连接或紧固一些零件。常用的螺纹紧固件有螺栓、螺钉、螺母、垫圈等,如图 6-1 所示。

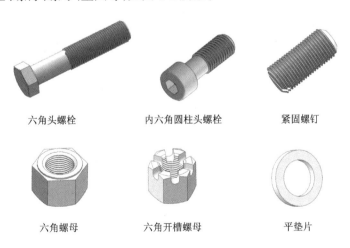

六角头螺栓　　　　内六角圆柱头螺栓　　　　紧固螺钉

六角螺母　　　　六角开槽螺母　　　　平垫片

图 6-1　螺纹紧固件的种类

二、螺纹的结构要素

　　螺纹的结构是由牙型、大径和小径、螺距和导程、线数、旋向等要素确定的,如图6-2至图6-4和表6-1所示。

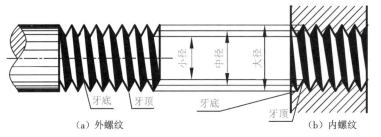

（a）外螺纹　　　　　　　　　　　　　　　　（b）内螺纹

图6-2　螺纹的要素

螺纹形成

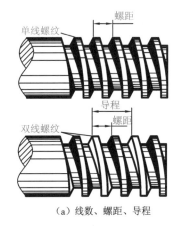

（a）线数、螺距、导程

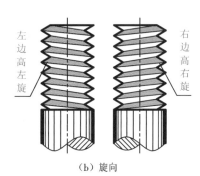

（b）旋向

图6-3　螺纹的要素

螺距与导程

表6-1　螺纹要素

结构要素	定义	符号	说明
大径	与外螺纹的牙顶和内螺纹的牙底相切的假想圆柱面的直径(即螺纹的最大直径)	内螺纹:D 外螺纹:d	螺纹的公称直径即大径,如图6-2所示
小径	与外螺纹的牙底和内螺纹的牙顶相切的假想圆柱面的直径(即螺纹的最小直径)	内螺纹:D_1 外螺纹:d_1	
中径	一个假想圆柱面的直径,该圆柱面母线上牙型的沟槽(相邻两牙间空槽)和凸起(螺纹的牙厚)宽度相等	内螺纹:D_2 外螺纹:d_2	
线数	形成螺纹的螺旋线的条数;螺纹有单线和多线之分,线数又称为头数	n	单线螺纹,$P=t$;多线螺纹,$P=t/n$ 如图6-3(a)所示
螺距	相邻两牙在中径线上对应两点间的轴向距离	P	
导程	同一条螺纹上相邻两牙在中径线上对应两点间的轴向距离	t	

续表

结构要素	定义	符号	说明
旋向	螺旋线在圆柱上的旋转方向,按顺时针旋进的螺纹称右旋螺纹,否则称左旋螺纹		如图6-3(b)所示
牙型	通过轴线的螺纹横截面的形状,分为矩形、三角形、梯形、锯齿形等类型		如图6-4所示

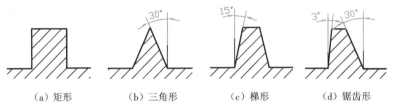

（a）矩形　　　（b）三角形　　　（c）梯形　　　（d）锯齿形

图6-4　牙型

注:

　1. 螺纹基本要素

　螺纹的牙型、大径和螺距是螺纹的三个基本要素。国家标准对这三个基本要素规定了标准值,凡螺纹的三个基本要素符合标准的称为标准螺纹。

　2. 螺纹旋向的判定

　竖立起螺纹,左边高即为左旋,右边高即为右旋,如图6-3(b)所示。

三、螺纹的种类

　螺纹按用途可分为连接螺纹和传动螺纹。常用标准螺纹的种类、牙型及功用等见表6-2。

表6-2　常用标准螺纹

螺纹种类			特征代号	牙型图	用途
连接螺纹	普通螺纹	粗牙	M	60°	最常用的连接螺纹
		细牙			用于细小的精密零件或薄壁零件
连接螺纹	非螺纹密封管螺纹		G	55°	用于水管、油管、气管等一般低压管路的连接

🐢 笔记

螺纹种类		特征代号	牙型图	用途
传动螺纹	梯形螺纹	Tr	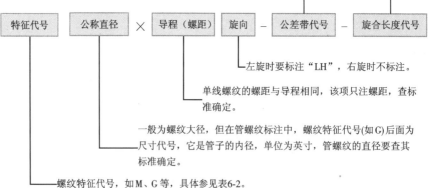	机床的丝杠采用这种螺纹进行传动
	锯齿形螺纹	B		只能传递单方向的力

注：

　　普通螺纹又分为粗牙普通螺纹和细牙普通螺纹，其区别是当大径相同时，细牙普通螺纹螺距较小，小径较大（即牙浅）。

四、螺纹及其紧固件标记方法（GB/T 1237—2000）

1. 螺纹的标记方法

螺纹的标注内容及格式如下。

　　两个互相配合的螺纹，沿其轴线方向相互旋合部分的长度，称为旋合长度。
　　螺纹的旋合长度分为短、中、长三组，分别用代号 S、N 和 L 表示，中等旋合长度 N 不标注。

　　一般要同时注出中径在前、顶径在后的两项公差带代号。中径和顶径公差带代号相同时，只注一个，如 6g、7H 等。代号中的字母外螺纹用小写，内螺纹用大写。

特征代号	公称直径	×	导程（螺距）	旋向	—	公差带代号	旋合长度代号

　　左旋时要标注"LH"，右旋时不标注。

　　单线螺纹的螺距与导程相同，该项只注螺距，查标准确定。

　　一般为螺纹大径，但在管螺纹标注中，螺纹特征代号(如 G)后面为尺寸代号，它是管子的内径，单位为英寸，管螺纹的直径要查其标准确定。

　　螺纹特征代号，如 M、G 等，具体参见表6-2。

常用螺纹的规定标注见表 6-3。

表 6-3 常用螺纹的规定标注

螺纹种类		标注方式	标注图例	说明
普通螺纹 单线	粗牙	M12-5g6g 顶径公差带代号 中径公差带代号 螺纹大径	M20LH-5g6g	（1）螺纹的标记应注在大径的尺寸线或其引出线上； （2）粗牙螺纹不标注螺距,细牙螺纹标注螺距
	细牙	M12X1.5-5g6g 螺距	M12X1.5-5g6g	
管螺纹 非螺纹密封的管螺纹 单线		非螺纹密封的内管螺纹 标记:G1/2 内螺纹公差只有一种,不标注。	G1/2	（1）右边的数字为尺寸代号,即管子内通径,单位为英寸,管螺纹的直径需查其标准确定,尺寸代号采用小一号的数字书写; （2）螺纹的标记处从螺纹大径画指引线进行标注
		非螺纹密封的外管螺纹 标记:G1/2A 外螺纹公差分 A、B 两级,需标注。	G1/2A G1/2	
梯形螺纹	单线	Tr48×8-7e 中径公差带代号	Tr40×14(P7)-7e	（1）单线螺纹只注螺距,多线螺纹注导程、螺距; （2）旋合长度分为中等（N）和长（L）两组,中等旋合长度可以不标注
	多线	Tr40×14(P7)LH-7e 旋向 螺距 导程		

2. 螺纹紧固件的标记方法

常见螺纹紧固件有螺栓、螺柱、螺钉、螺母和垫圈等。表 6-4 中列出了常用螺纹紧固件的结构形式和标记。

表 6-4 常用螺纹紧固件及其规定标记

名称	简图	规定标记及说明
六角头螺栓	M10 60	螺栓　GB/T 5780　M10×60 螺栓　国际代号　螺纹规格　公称长度
螺柱	M10 50	两端均为粗牙普通螺纹、$d=10$、$l=50$、性能等级为 4.8 级、B 型、$b_m=1d$ 的双头螺柱的标记: 螺柱　GB/T 897　M10×50

笔记

名称	简图	规定标记及说明
开槽圆柱头螺钉		螺纹规格 d =M10、公称长度 l =60、性能等级为 4.8 级、不经表面处理的开槽圆柱头螺钉的标记： 　　螺钉　GB/T 65　M10×60
开槽盘头螺钉		螺纹规格 d =M10、公称长度 l =60、性能等级为 4.8 级、不经表面处理的开槽盘头螺钉的标记： 　　螺钉　GB/T 67　M10×60 　　螺钉头部的厚度相对于直径小得多，成盘状，故称为盘头螺钉。
开槽沉头螺钉		螺纹规格 d =M10、公称长度 l =60、性能等级为 4.8 级、不经表面处理的开槽沉头螺钉的标记： 　　螺钉　GB/T 68　M10×60
十字槽沉头螺钉		螺纹规格 d =M10、公称长度 l =60、性能等级为 4.8 级、不经表面处理的 H 型十字槽沉头螺钉的标记： 　　螺钉　GB/T 819.1　M10×60
开槽锥端紧定螺钉		螺纹规格 d =M5、公称长度 l =25、性能等级为 14H 级、表面氧化的开槽锥端紧定螺钉的标记： 　　螺钉　GB/T 71　M5×25
开槽长圆柱端紧定螺钉		螺纹规格 d =M5、公称长度 l =25、性能等级为 14H 级、表面氧化的开槽长圆柱端紧定螺钉的标记： 　　螺钉　GB/T 75　M5×25
1 型六角螺母 A 级和 B 级		螺纹规格 D =M12、性能等级为 8 级、不经表面处理、A 级的 1 型六角螺母的标记： 　　螺母　GB/T 6170　M12
1 型六角开槽螺母 A 级和 B 级		螺纹规格 D =M12、性能等级为 8 级、表面氧化、A 级的 1 型六角开槽螺母的标记： 　　螺母　GB/T 6178　M12
平垫圈 A 级		标准系列、规格 12、性能等级为 140HV 级、不经表面处理的平垫圈的标记： 　　垫圈　GB/T 97.1　12

续表

名称	简图	规定标记及说明
标准型 弹簧垫圈	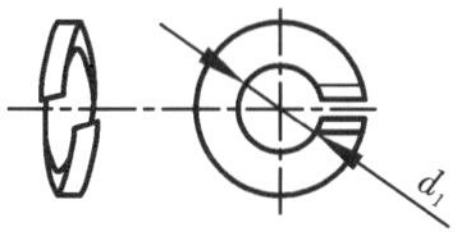 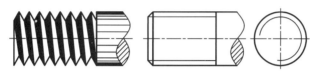	规格 12、材料为 65Mn、表面氧化的标准型弹簧垫圈的 标记： 　垫圈　GB/T 93　12

五、螺纹的规定画法

为方便作图，国家标准规定了螺纹的简化画法，如图 6-5 所示。

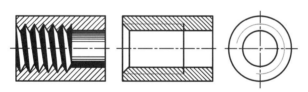

图 6-5　外螺纹规定画法

（1）螺纹的牙顶（外螺纹的大径、内螺纹的小径）用粗实线表示。

（2）牙底（外螺纹的小径、内螺纹的大径）用细实线表示，并画进螺杆头部的倒角或倒圆部分。

（3）螺纹终止线用粗实线表示。

（4）在螺纹投影为圆的视图中，表示牙底的细实线圆只画约 3/4 圈，倒角圆省略不画。

在内螺纹的剖视图或断面图中，剖面线都必须画到粗实线，如图 6-6 所示。

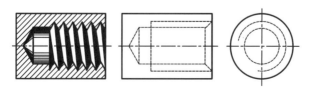

图 6-6　内螺纹规定画法

当需要表示螺纹收尾时，螺尾部分的牙底用与轴线成 30° 的细实线绘制。

绘制不穿通螺纹孔时，一般应将钻孔深度与螺纹部分的深度分别画出，钻头前端形成的锥顶角画成 120°，如图 6-7 所示。

图 6-7　不穿通螺纹孔画法

六、螺纹连接的画法

　　内、外螺纹的连接以剖视图表示时,其旋合部分按外螺纹画出,其余各部分仍按各自的画法表示。当剖切平面通过螺杆轴线时,螺杆按不剖绘制。内、外螺纹的大径线和小径线,必须分别位于同一条直线上,如图 6-8 所示。

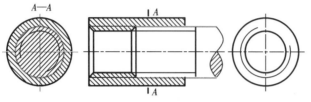

图 6-8　螺纹连接的画法

螺纹连接画法

七、螺纹紧固件及其连接装配图的画法

1. 螺纹紧固件的简化画法

　　图 6-9 为六角螺母、垫圈、六角头螺栓和螺柱的比例画法和简化画法。螺栓的六角头除厚度为 0.7d 外,其余尺寸与六角螺母画法相同。图 6-10 为螺柱及各种螺钉的画法。

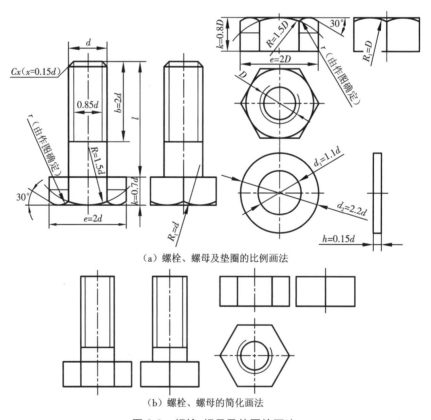

(a)螺栓、螺母及垫圈的比例画法

(b)螺栓、螺母的简化画法

图 6-9　螺栓、螺母及垫圈的画法

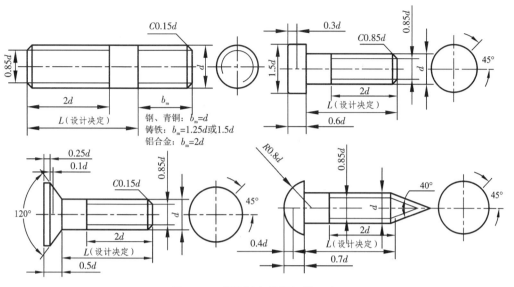

图 6-10 螺柱及各种螺钉的画法

2. 螺栓连接装配图的画法

图 6-11 为典型的螺栓连接结构,其画法如图 6-12 所示。

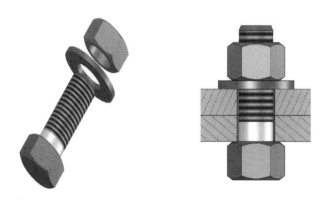

图 6-11 螺栓连接

螺栓连接装配图画法

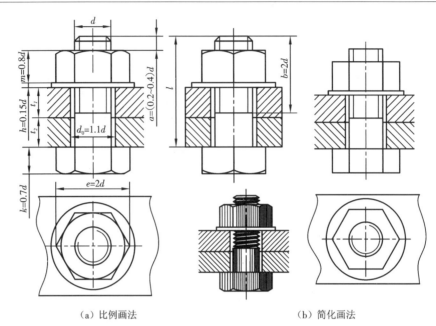

（a）比例画法   （b）简化画法

图 6-12　螺栓连接的画法

注意:

1. 为便于成组(螺栓连接一般为 2 个或多个)装配,被连接件上通孔直径比螺栓直径大,一般可按 1.1d 画出。

2. 螺栓的公称长度 l 按下式计算:

$$l_{计} = t_1 + t_2 + 0.15d(垫圈厚) + 0.8d(螺母厚) + 0.3d$$

在标准中,选取与 $l_{计}$ 接近的标准长度值即为螺栓标记中的公称长度 l。

3. 在剖视图中,当剖切平面通过螺杆轴线时,螺栓、螺母和垫圈这些标准件均按不剖绘制。

3. 螺钉连接装配图的画法

螺钉连接用于受力不大的情况,根据其头部的形状不同而有多种形式,图 6-13 为两种常见螺钉连接装配图的画法。

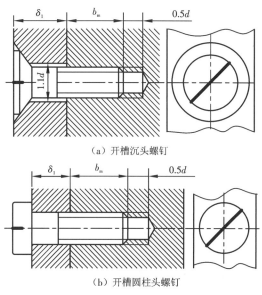

（a）开槽沉头螺钉

（b）开槽圆柱头螺钉

图 6-13　螺钉连接的画法

提示：

　　1. 螺钉的公称长度 l 的确定：

$$l_{计} = t_1 + b_m$$

　　查标准，选取与 $l_{计}$ 接近的标准长度值为螺钉标记中的公称长度 l。

　　2. 旋入长度 b_m 值与被旋入件的材料有关，被旋入件的材料为钢时，$b_m = d$；为铸铁时，$b_m = 1.25d$ 或 $1.5d$；为铝时，$b_m = 2d$。

　　3. 螺纹终止线应高出螺纹孔上表面，以保证连接时螺钉能旋入和压紧。

　　4. 为保证可靠的压紧，螺纹孔比螺钉头深 $0.5d$。

　　5. 螺钉头上的槽宽可以涂黑，在投影为圆的视图上，规定按 $45°$ 画出。

4. 螺柱连接装配图的画法

　　螺柱连接常用于一个被连接件较厚，不便于或不允许打通孔的情况。拆卸时，只需拆下螺母等零件，而不需拆卸螺柱。所以，这种连接多次装拆不会损坏被连接件。螺柱连接装配图的简化画法如图 6-14 所示。

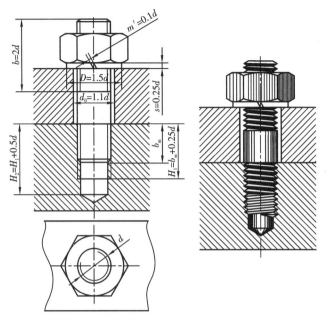

图 6-14 螺柱连接的画法

提示:

1.螺柱的公称长度 l 的确定:

$$l_{\text{计}} = l_1 + 0.15d(垫圈厚) + 0.8d(螺母厚) + 0.3d$$

查标准,选取与 $l_{\text{计}}$ 接近的标准长度值为螺柱标记中的公称长度 l。

2.螺柱连接旋入端的螺纹应全部旋入机件的螺纹孔内,拧紧在被连接件上。

3.螺柱的螺纹终止线与旋入机件的螺孔上端面平齐。

任务二 键与销及其画法

一、键及其画法

1. 键的结构及分类

键常用于连接轴和轴上零件,实现周向固定,以传递运动和转矩。根据结构不同,键连接可分为普通键连接和花键连接两类,如图 6-15 所示。

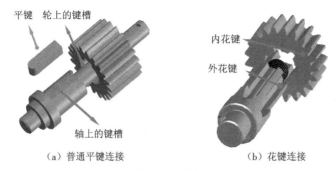

（a）普通平键连接　　　　　　　　（b）花键连接

图 6-15　键连接

常用的普通键有平键、半圆键、钩头楔键等，其结构如图 6-16 所示。

（a）普通平键　　　　　　（b）半圆键　　　　　（c）钩头楔键

图 6-16　普通键

2. 键的标记

键是标准件，键的结构尺寸设计可根据轴的直径查键的标准得出它的尺寸，同时也可查得键槽的宽度和深度，长度 L 则应根据轮毂长度及受力大小选取相应的系列值。键的标记示例如表 6-5 所示。

表 6-5　键的标记示例

序号	名称	键的形式	规定标记示例
1	圆头普通平键（GB/T 1096—2003）		$b=8$、$h=7$、$L=25$ 的普通平键（A 型）： 键 8×25 GB/T 1096—2003
2	半圆键（GB/T 1099—2003）		$b=6$、$h=10$、$d_1=25$、$L=24.5$ 的半圆键： 键 6×25 GB/T 1099—2003
3	钩头楔键（GB/T 1565—2003）		$b=18$、$h=11$、$L=100$ 的钩头楔键： 键 18×100　GB/T 1565—2003

3. 平键和半圆键的画法

普通平键有 A、B、C 三种类型。标记时,A 型平键省略 A 字,B、C 型应写出 B、C 字母。键、键槽、轮毂的画法及尺寸标注如图 6-17 所示。

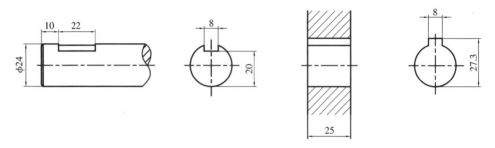

（a）轴键槽画法及尺寸标注 　　　　　　　　　　　（b）轮毂键槽画法及尺寸标注

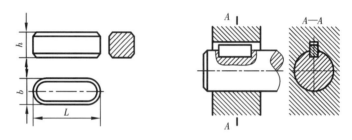

（c）普通平键、键槽及连接画法

图 6-17　普通平键、键槽及连接画法

半圆键的连接形式与平键类似,如图 6-18 所示。

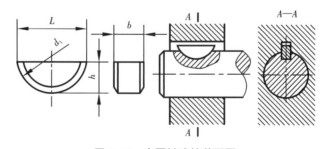

图 6-18　半圆键连接装配图

注:
　　普通平键和半圆键的两个侧面是工作面,在装配图中,键与键槽侧面之间应不留间隙;而键的顶面是非工作面,它与轮毂的键槽顶面之间应留有间隙。

4. 钩头楔键的画法

如图 6-19 所示,钩头楔键的顶面有 1:100 的斜度,连接时将键打入键槽,使键与键槽的顶面、底面接触。

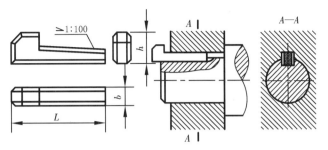

图 6-19　钩头楔键及连接画法

键的顶面、底面为工作面,两侧面为非工作面,故连接画法为键与槽顶、槽底接触画一条线,与键槽两侧有间隙分别画两条线。钩头楔键一般安装在轴端,拆装方便。

5. 花键连接

花键常与轴制成一体,能传递较大的扭矩。常用的花键有矩形花键、渐开线花键和三角形花键等。花键及其连接画法如图 6-20 所示。

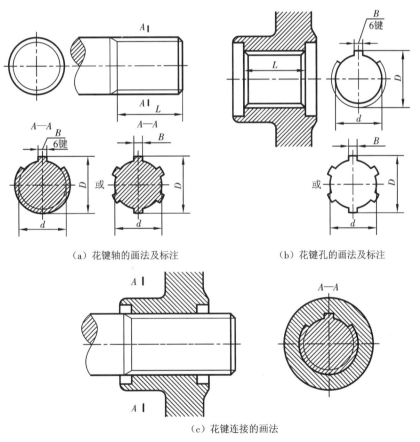

（a）花键轴的画法及标注　　　　　　（b）花键孔的画法及标注

（c）花键连接的画法

图 6-20　花键及其连接的画法

> **注：**
>
> 1. 花键轴的外径(大径)用粗实线绘制,内径(小径)用细实线绘制,并通过倒角直至轴端,倒角圆不画。在剖面图中可只画一个齿形亦可全部画出。花键尾部用细实线画成与轴线成30°的夹角,其工作长度的终止端与尾部长度末端用细实线绘制,但与轴线垂直。
>
> 2. 在反映花键轴线的剖视图中,花键孔的大径和小径均用粗实线绘制,并用局部视图画出。
>
> 3. 当用剖切来表达花键的连接时,其连接部分按花键轴的画法绘制。

二、销及其画法

销也是常用的标准件,在机器中用来连接和固定零件,或在装配时作定位用。常用的销有圆柱销、圆锥销和开口销等,如图 6-21 所示。

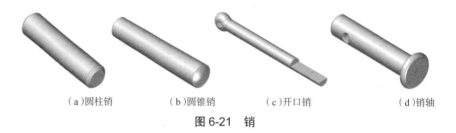

(a)圆柱销　　　　(b)圆锥销　　　　(c)开口销　　　　(d)销轴

图 6-21　销

销的结构形式、大小和标记,国家标准都做了相应的规定,圆锥销的公称直径指小端直径。销各部分的尺寸可根据其公称直径和国标号,从有关标准中查出。销的标记可参阅表 6-6。

表 6-6　销的形式及其规定标记

名称	形式	规定标记示例	说明
圆柱销	l　p	销 GB/T 119—2000　A8×30(A 型,公称直径 d = 8,长度 l = 30)	共有四种形式,具有不同的直径公差,可与销孔形成不同的配合,根据工作条件来选用
圆锥销	1∶50　l　p	销 GB/T 117—2000　A10×60(A 型,公称直径 d -10,长度 l=60)	(1)A 型为磨削加工,B 型为车削加工 (2)锥度 1∶50 有自锁作用,打入后不会自动松脱
开口销	l　d	销 GB/T 91—2000　5×40(公称直径 d=5,长度 l=40)	公称直径指与之相配的销孔直径,故开口销公称直径都大于其实际直径

1. 销的画法

圆柱销、圆锥销、开口销的画法参阅表 6-6。

圆柱销与销孔有四种配合精度,由于配合的不同,圆柱销也分为四种类型,可查有关标准。

圆锥销的锥度为 1：50,按实际锥度画图,图样上不够明显,因而可以采用夸大画法作图。

开口销常与带销孔的螺栓和槽型螺母一起使用。开口销是由剖面为半圆形的金属弯曲而成,其公称直径是指销孔的直径,它的实际尺寸是小于公称直径的。销孔直径可在螺栓标准中查得。

2. 销连接的画法

图 6-22 和图 6-23 分别表示圆柱销和圆锥销的连接画法。

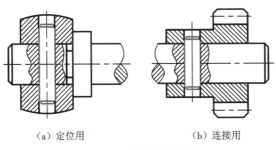

（a）定位用　　　　　　　（b）连接用

图 6-22　圆柱销装配图

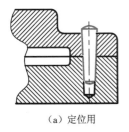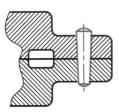

（a）定位用　　　　　　　（b）连接用

图 6-23　圆锥销装配图　　　　　　　　　　销连接

开口销的画法如图 6-24 所示。

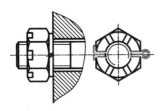

图 6-24　开口销连接

任务三　滚动轴承及其画法

一、滚动轴承种类

滚动轴承的种类虽多，但结构大致相似，一般由内圈、外圈、滚动体、隔离圈（或保持架）等零件组成，如图 6-25 所示。

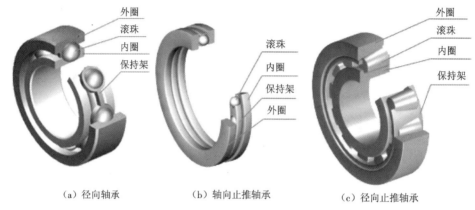

（a）径向轴承　　　　　　（b）轴向止推轴承　　　　　　（c）径向止推轴承

图 6-25　滚动轴承结构及分类

内圈的作用是与轴相配合，并与轴一起旋转；外圈是与轴承座相配合，起支撑作用；滚动体是借助于保持架均匀地将滚动体分布在内圈和外圈之间，其形状、大小和数量直接影响着滚动轴承的使用性能和寿命；保持架能使滚动体均匀分布，防止滚动体脱落，引导滚动体旋转，起润滑作用。

滚动轴承按其受力方向可分为径向轴承、轴向止推轴承及径向止推轴承三类，如图 6-26 所示。

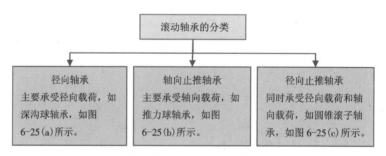

图 6-26　滚动轴承的分类

学点历史：

中国是世界上较早发明滚动轴承的国家之一，在中国古籍中，关于车轴轴承的构造早有记载。从考古文物与资料中可以发现，中国最古老的具有现代滚动轴承结构雏形的轴承，出现于前221～207年的今山西省运城市永济市蒲州镇薛家崖村。

新中国成立后，特别是20世纪70年代以来，轴承工业进入了一个崭新的高质快速发展时期。

二、滚动轴承的代号

滚动轴承的代号是由字母加数字来表示滚动轴承的结构、尺寸、公差等级、技术性能等特征的产品符号，它由基本代号、前置代号和后置代号构成，其排列方式如下：

前置代号	……	基本代号	……	后置代号

1. 基本代号

基本代号表示轴承的基本类型、结构和尺寸，是轴承代号的基础。

基本代号由轴承类型代号、尺寸系列代号、内径代号构成，其排列方式如下：

轴承类型代号	尺寸系列代号	内径代号

（1）轴承类型代号用阿拉伯数字或大写拉丁字母表示，见表6-7。

表 6-7　轴承类型代号（摘自 GB/T 272—1993）

代号	0	1	2	3	4	5	6	7	8	N	U	Q
轴承类型	双列角接触球轴承	调心球轴承	调心滚子轴承和推力调心流子轴承	圆锥滚子轴承	双列深沟球轴承	推力球轴承	深沟球轴承	角接触球轴承	推力圆柱滚子轴承	圆柱滚子轴承	外球面球轴承	四点接触球轴承

（2）尺寸系列代号由轴承的宽（高）度系列代号和直径系列代号组合而成，用两位阿拉伯数字来表示。其主要作用是区别内径相同而宽度和外径不同的轴承，具体代号需查阅相关标准。

（3）内径代号表示轴承的公称内径，一般用两位阿拉伯数字表示。代号数字为00，01，02，03时，分别表示轴承内径 d=10，12，15，17 mm；代号数字为04~96时，代号数字乘5，即为轴承内径；轴承公称内径为1~9 mm时，用公称内径毫米数直接表示；轴承公称内径为22，28，32，500 mm 或大于500 mm 时，用公称内径毫米数直接表示，但应

笔记

与尺寸系列代号之间用"/"隔开。

　　轴承基本代号举例如下。

6 2 08

6——轴承类型代号:深沟球轴承。

2——尺寸系列代号(02):宽度系列代号0省略,直径系列代号为2。

08——内径代号:$d = 40$ mm。

6 2 / 22

6——轴承类型代号:深沟球轴承。

2——尺寸系列代号(02):宽度系列代号0省略,直径系列代号为2。

22——内径代号:$d = 22$ mm。

3 03 12

3——轴承类型代号:圆锥滚子轴承。

03——尺寸系列代号:宽度系列代号为0,直径系列代号为3。

12——内径代号:$d = 60$ mm。

2. 前置代号与后置代号

　　前置代号用字母表示。后置代号用字母(或加数字)表示。前置、后置代号是轴承在结构形状、尺寸、公差、技术要求等有改变时,在其基本代号前、后添加的代号。

　　前置代号与后置代号应用举例如下。

GS 8 11 07

GS——前置代号:推力圆柱滚子轴承座圈。

8——轴承类型代号:推力圆柱滚子轴承。

11——尺寸系列代号:宽度系列代号为1,直径系列代号为1。

07——内径代号:$d = 35$ mm。

2 10 NR

2——尺寸系列代号(02):宽度系列代号0省略,直径系列代号为2。

10——内径代号:$d = 50$ mm。

NR——后置代号:轴承外圈上有止动槽,并带止动环。

前置代号、后置代号还有许多种,其代号的含义需查阅 GB/T 272—1993。

三、滚动轴承的规定画法

　　滚动轴承是标准组件,一般不需要绘制零件图,在装配图中可采用规定画法或特征画法,如图 6-27 所示。

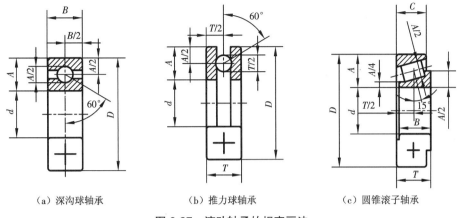

（a）深沟球轴承   （b）推力球轴承   （c）圆锥滚子轴承

图 6-27 滚动轴承的规定画法

在画图时,根据轴承代号由国家标准中查出数据,在剖视图轮廓处应按外径 D、内径 d、宽度 B 等实际尺寸绘制。

四、滚动轴承的特征画法

在剖视图中,当不需要确切表示滚动轴承的外形轮廓、载荷特性、结构特征时,可用线框及位于线框中央的正立的十字形符号表示,十字形符号不应与矩形线框接触,如图 6-28 所示。

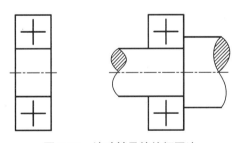

图 6-28 滚动轴承的特征画法

若需要确切表达轴承外形,则应画出剖面轮廓,并在轮廓中央画出正立的十字形符号,十字形符号不应与矩形线框接触,如图 6-29（a）所示。若带有附件或零件,则这些附件或零件也可只画出外形轮廓,如图 6-29（b）和图 6-30 所示。

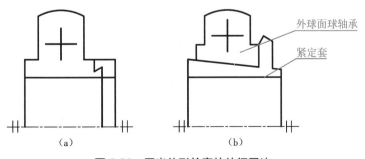

（a）   （b）

图 6-29 画出外形轮廓的特征画法

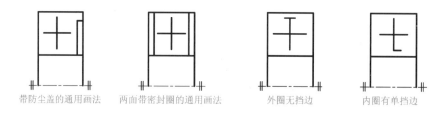

带防尘盖的通用画法　　两面带密封圈的通用画法　　外圈无挡边　　内圈有单挡边

图 6-30　带有附件或零件的特征画法

> **注：**
> 　　当在装配图中需较详细地表达滚动轴承的主要结构时，可采用规定画法。而在装配中只需简单地表达滚动轴承的主要结构时，可采用特征画法。

任务四　齿轮及其画法

　　齿轮是广泛应用于机械或部件中的传动零件，其功能是传递动力，并且还可改变转速和旋转的方向。

　　齿轮的参数已部分标准化，属于常用件。

　　根据两轴的相对位置不同，常用的齿轮可分为以下三类。

　　（1）圆柱齿轮，用于两平行轴之间的传动。

　　（2）圆锥齿轮，用于两相交轴之间的传动。

　　（3）蜗轮蜗杆，用于两交叉轴之间的传动。

（a）直齿圆柱齿轮　　（b）斜齿圆柱齿轮　　（c）圆锥齿轮　　（d）蜗轮蜗杆

图 6-31　三类齿轮传动　　　　　　　　　　　　齿轮传动

　　轮齿是齿轮的主要结构。轮齿的齿形有直齿、斜齿、人字齿等。轮齿的齿廓曲线有渐开线、摆线、圆弧等。广泛应用的是渐开线齿轮。

　　另外，轮齿有标准与非标准之分，凡是轮齿符合标准规定的为标准齿轮。在标准的基础上，对轮齿作某些改变的为变位齿轮。

一、渐开线标准直齿圆柱齿轮的各部分名称和代号

　　如图 6-32 所示，标准直齿圆柱齿轮的各部分名称和尺寸关系。

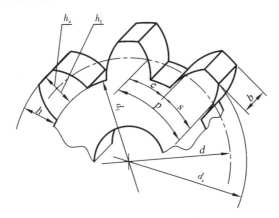

图 6-32　标准直齿圆柱齿轮

（1）齿顶圆：通过齿轮轮齿顶部的圆，直径用"d_a"表示。

（2）齿根圆：通过齿轮轮齿根部的圆，直径用"d_f"表示。

（3）分度圆：在齿轮上，设计和加工时计算尺寸的基准圆，它是一个假想圆，在该圆上，齿厚 s 与齿槽宽 e 相等，直径用"d"表示。

（4）齿高：齿顶圆和齿根圆之间的径向距离，用"h"表示。齿顶圆与分度圆之间的径向距离称为齿顶高，用"h_a"表示；齿根圆与分度圆之间的径向距离称为齿根高，用"h_f"表示。

$$h=h_a+h_f$$

（5）齿距、齿厚、槽宽：在分度圆上相邻两齿对应点之间的弧长称为齿距，用"p"表示；在分度圆上一个轮齿齿廓间的弧长称为齿厚，用"s"表示，一个齿槽齿廓间的弧长称为槽宽，用"e"表示。对于标准齿轮：$s=e$，$p=s+e$。

二、圆柱齿轮的基本参数

（1）齿数：齿轮上轮齿的个数，用 z 表示。

（2）模数：齿轮分度圆周长 $\pi d=zp$，则 $d=\dfrac{p}{\pi}\times z$，令 $\dfrac{p}{\pi}=m$，则 $d=mz$，所以模数是齿距 p 与圆周率 π 的比值，即 $m=\dfrac{p}{\pi}$，单位为 mm。它表示了轮齿的大小。

模数是设计和制造齿轮的基本参数。为了设计和制造方便，已将模数的数值标准化。模数的标准值见表 6-8。

表 6-8　渐开线圆柱齿轮标准模数（摘自 GB/T1357 － 1987）

第一系列	0.1，0.12，0.15，0.2，0.25，0.3，0.4，0.5，0.6，0.8，1，1.25，1.5，2，2.5，3，4，5，6，8，10，12，16，20，25，32，40，50
第二系列	0.35，0.7，0.9，1.75，2.25，2.75，（3.25），3.5，（3.75），4.5，5.5，（6.5），7，9，（11），14，18，22，28，（30），36，45

注：优先采用第一系列，其次是第二系列，括号内的模数尽量不用。

注:

　　由于模数是齿距 p 和 π 的比值,因此若齿轮的模数大,其齿距就大,齿轮的轮齿就大。若齿数一定,则模数大的齿轮,其分度圆直径就大,轮齿也大,齿轮能承受的力量也大。相互啮合的两个齿轮,其模数必须相等。加工齿轮也须选用与齿轮模数相同的刀具,因而模数又是选择刀具的依据。

　　(3)压力角:标准渐开线圆柱齿轮压力角为 $20°$,它等于两齿轮啮合时齿廓在节点处的公法线与两节圆的公切线所夹的锐角,用字母"α"表示。

注:

　　两标准直齿圆柱齿轮正确啮合传动的条件是模数和压力角分别相等。

　　标准圆柱齿轮的基本参数 z, m, α 确定之后,齿轮各部分的尺寸可按表6-9中的公式计算。

表6-9　外啮合标准圆柱齿轮几何尺寸计算公式

基本参数:模数 m、齿数 z、压力角 $20°$		
各部分名称	代号	计算公式
分度圆直径	d	$d = mz$
齿顶高	h_a	$h_a = m$
齿根高	h_f	$h_f = 1.25m$
齿顶圆直径	d_a	$d_a = m(z+2)$
齿根圆直径	d_f	$d_f = m(z-2.5)$
齿距	p	$p = \pi m$
分度圆齿厚	s	$s = \dfrac{1}{2}\pi m$
中心距	a	$a = \dfrac{1}{2}(d_1 + d_2) = \dfrac{1}{2}m(z_1 + z_2)$

三、圆柱齿轮画法

　　在外形视图中,齿轮的齿顶圆和齿顶线用粗实线表示,分度圆和分度线用点画线表示,齿根圆和齿根线用细实线表示,但一般省略不画。当非圆视图画成剖视图时,齿根线用粗实线表示,齿顶线与齿根线之间的区域表示轮齿部分,按不剖绘制,如图6-33所示。

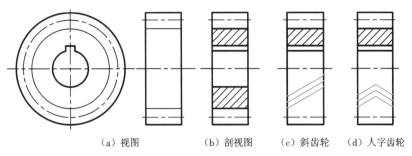

（a）视图　　　　　（b）剖视图　　（c）斜齿轮　　（d）人字齿轮

图 6-33　圆柱齿轮画法

四、圆柱齿轮副啮合画法

如图 6-34 所示，表达两啮合圆柱齿轮，一般采用两个视图。在垂直于齿轮轴线方向的视图中，它们的分度圆（啮合时称节圆）成相切关系。

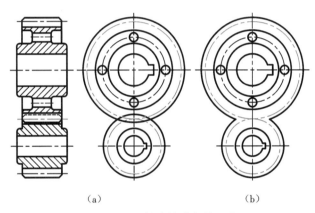

（a）　　　　　　　　　　（b）

图 6-34　圆柱齿轮啮合的画法

齿顶圆有两种画法：一种是将两齿顶圆用粗实线分别完整画出，如图 6-34（a）所示；另一种是将两个齿顶圆重叠部分的圆弧省略不画，如图 6-34（b）所示。齿根圆则和单个齿轮的画法相同。在剖视图中，规定将啮合区内一个齿轮的轮齿用粗实线画出，另一个齿轮的轮齿被遮挡的部分用虚线画出，也可省略不画。

在平行于齿轮轴线的视图中，啮合区的齿顶线和齿根线不必画出，只在节线位置画一条粗实线，如果需要表示轮齿的方向，画法与单个齿轮相同，如图 6-35 所示。

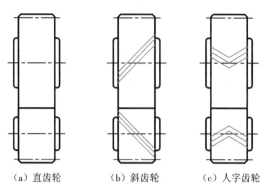

（a）直齿轮　　　　　（b）斜齿轮　　　　　（c）人字齿轮

图 6-35　齿轮啮合区投影的画法

五、尺寸标注

齿轮零件图上径向尺寸以孔心为基准,齿宽方向的尺寸则以端面为基准。

在齿轮零件图中,需标注出齿顶圆直径、分度圆直径、齿轮厚度。在图纸右上角绘制齿轮参数表,填入齿轮的各项重要参数。

六、技术要求

1. 尺寸公差

轴孔是加工、测量和装配的重要基准,尺寸精度要求较高,应根据装配图上标注的配合性质和公差等级查公差表,标出其极限偏差,一般采用 $\dfrac{H7}{r6}$ 或 $\dfrac{H7}{n6}$ 。

齿顶圆的偏差值与该直径是否作为测量基准有关,而且均为负值。

齿顶圆作为基准有两种情况:

（1）加工时用齿顶圆定位或找正,此时要控制齿顶圆的径向跳动;

（2）齿顶圆定位检查齿厚或基准尺寸公差时,要控制齿顶圆公差和径向跳动。

2. 表面结构要求

可由齿轮第二公差组的精度确定齿轮表面结构要求,见表 6-10。

表 6-10　齿轮表面结构要求

加工表面		表面结构 Ra 值（μm）				
		齿轮第 Ⅱ 组精度等级				
		6	7	8	9	10
轮齿工作面	法面模数≤ 8	0.4	0.8	1.6	3.2	6.3
	法面模数 >8	0.8	1.6	3.2	6.3	6.3
轮齿基准孔（轮毂孔）		0.8	0.8~1.6	1.6	3.2	3.2
齿轮基准轴颈		0.4	0.8	1.6	1.6	3.2
与轴肩相靠的端面		1.6	3.2	3.2	3.2	6.3
齿顶圆	作为基准	1.6	1.6~3.2	3.2	6.3	12.5
	不作为基准	6.3~12.5				
平键键槽		3.2（工作面）、6.3（非工作面）				

3. 其他技术要求

（1）对锻件及毛坯的要求。

（2）对材料机械性能的要求，如热处理方法及达到的硬度范围值。

（3）对未注圆角半径、倒角的说明。

（4）对大型或高速齿轮的动平衡实验要求。

七、齿轮的图样格式

图中的参数表一般放在图样的右上角，参数表中列出的参数项目可根据需要增减，检验项目按功能要求而定，技术要求一般放在该图的右下角，如图 6-36 所示。

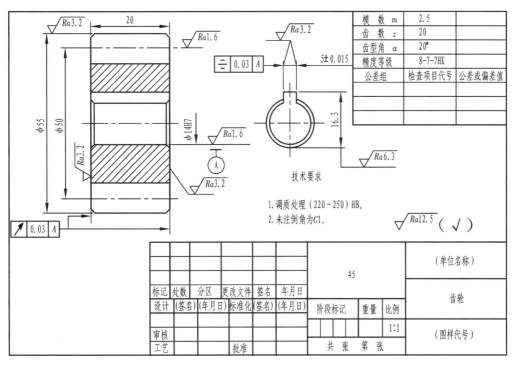

图 6-36　圆柱齿轮图样格式

任务五　弹簧及其画法

弹簧主要用于减震、夹紧、储存能量和测力等方面，用途很广，属于常用件。其特点是去掉外力后，弹簧能立即恢复原状。

弹簧的种类很多，常见的有螺旋弹簧和涡卷弹簧等。根据受力情况不同，螺旋弹簧又分为压缩弹簧、拉伸弹簧和扭转弹簧三种，如图 6-37 所示。

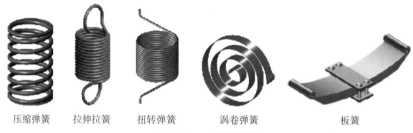

压缩弹簧　　拉伸拉簧　　扭转弹簧　　　涡卷弹簧　　　　　板簧

图 6-37　弹簧类型

一、圆柱螺旋压缩弹簧的主要参数（ GB/T 1973.3—2005 ）

如图 6-38 所示，弹簧主要参数如下。

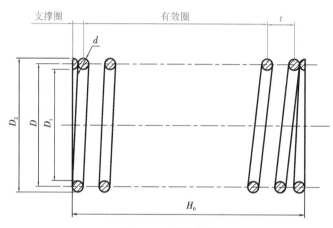

图 6-38　弹簧参数

（1）簧丝直径 d：制造弹簧用的钢丝直径。

（2）弹簧外径 D：弹簧最大直径。

（3）弹簧内径 D_1：弹簧的最小直径，$D_1=D-2d$。

（4）弹簧中径 D_2：弹簧的平均直径，$D_2=D-d$。

（5）节距 t：相邻两有效圈上对应点之间的轴向距离。

（6）有效圈数 n：不受外力作用时保持正常节距的圈数。

（7）支承圈数 n_0：弹簧类型分为两端圈并紧磨平型（ A 型 ）和两端圈并紧锻平型（ B 型 ），两端并紧磨平的圈数一般为 1.5、2、2.5 圈。

（8）总圈数 n_1：有效圈数与支承圈数之和，$n_1=n+n_0$。

（9）自由高度 H_0：不受外力作用时弹簧高度。当 $n_0=1.5$ 时，$H_0=nt+d$；当 $n_0=2$ 时，$H_0=nt+1.5d$；当 $n_0=2.5$ 时，$H_0=nt+2d$。

（10）旋向：螺旋弹簧分左旋和右旋（常用右旋 ）。

（11）展开长度 L：制造弹簧时所用钢丝长度，$L = n_1\sqrt{(\pi D_2)^2 + t^2}$。

二、单个圆柱螺旋压缩弹簧的画法（GB/T 4459.4—2003）

弹簧在平行其轴线的投影面上，可画成视图；也可画成剖视图，此时图中各圈的轮廓应画成直线，如图 6-39 所示。

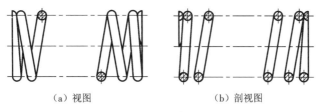

（a）视图　　　　　　　　（b）剖视图

图 6-39　弹簧画法

弹簧有效圈数在 4 圈以上时，可以在两端各画 1~2 圈（支承圈除外），中间各圈可省略不画，将两端用细点画线连接，且可适当缩短图形长度。

螺旋弹簧可画成右旋，但左旋的弹簧不论画成左旋还是右旋，都应注出"左"字。

不论支承圈数多少和两端并紧情况如何，均可按支承圈 2.5 圈绘制，必要时也可按支承圈实际结构绘制。

三、螺旋弹簧的画图步骤

步骤一：算出弹簧中径 D_2 及自由高度 H_0。用 D_2 及 H_0 画出长方形 $ABCD$，如图 6-40（a）所示。

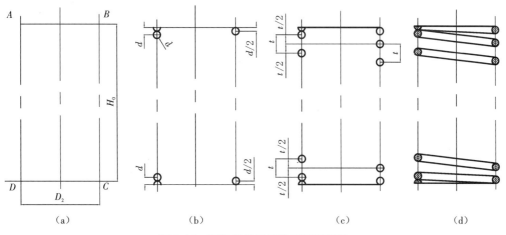

（a）　　　　　　（b）　　　　　　（c）　　　　　　（d）

图 6-40　圆柱螺旋压缩弹簧画图步骤

步骤二：画出支承圈部分直径与簧丝直径相等的圆和半圆，如图 6-40（b）所示。

步骤三：画出有效圈数部分直径与簧丝直径相等的圆，如图 6-40（c）所示。

步骤四：按右旋方向作相应圆的公切线及剖面线，即完成作图，如图 6-40（d）所示。

四、弹簧装配图的画法(GB/T 4459.4—2003)

在装配图中,被弹簧挡住的结构一般不画,可见部分应从弹簧外轮廓线或弹簧钢丝剖面的中心线画起,如图 6-41(a)所示。

在装配图中,螺旋弹簧被剖切时,型材直径或厚度在图形上小于或等于 2 mm 时,剖面可以涂黑表示,且各圈的轮廓线不画。

在装配图中,型材直径或厚度在图形上等于或小于 1 mm 的螺旋弹簧,允许用示意图绘制,如图 6-41(b)所示。

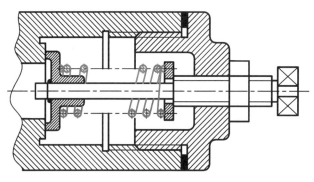

(a) 不画挡住部分的零件

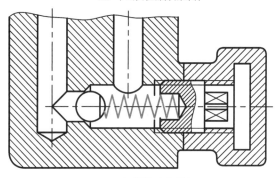

(b) 簧丝示意画法

图 6-41　弹簧装配图的画法

五、弹簧零件图注意问题

(1)弹簧的参数应直接标注在图形上,若直接标注有困难,可在技术要求中说明。

(2)当需要表明弹簧的负荷与高度之间的变化关系时,必须用图解表示。螺旋压缩弹簧的力学性能曲线均画成直线,其中 P_1 为弹簧的预加负荷, P_2 为弹簧的最大负荷, P_3 为弹簧的允许极限负荷。

图 6-42 所示为弹簧零件图。

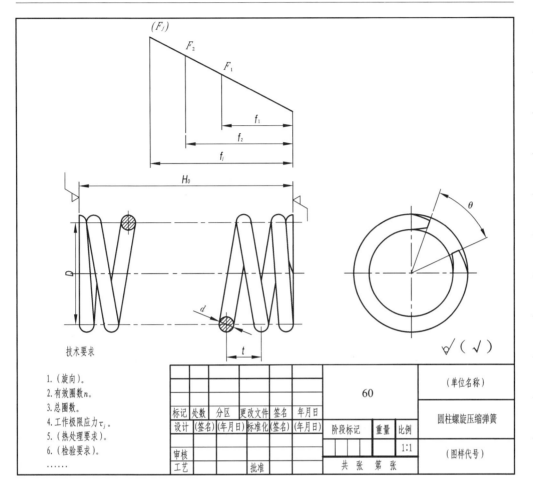

图 6-42　圆柱螺旋压缩弹簧零件图

六、飞机制图中弹簧画法的特别规定

飞机制图中,螺旋弹簧一般应采用如图 6-43 至图 6-46 所示的简化画法,即在平行于螺旋弹簧轴线的投影图的视图中,圆柱螺旋压缩弹簧、拉伸弹簧、扭转弹簧中间部分用点画线画成矩形框,矩形框端部用粗实线绘制;截锥螺旋压缩弹簧用点画线画成梯形框,端部用粗实线绘制,并沿矩形框或梯形框对角线采用相交的细实线表示。

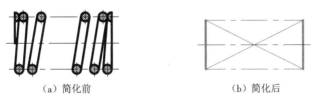

（a）简化前　　　　　　　　　（b）简化后

图 6-43　圆柱螺旋压缩弹簧的简化画法

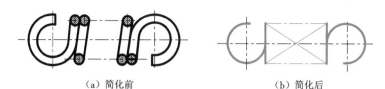

（a）简化前　　　　　　（b）简化后

图 6-44　圆柱螺旋拉伸弹簧的简化画法

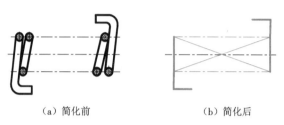

（a）简化前　　　　　　（b）简化后

图 6-45　圆柱螺旋扭转弹簧的简化画法

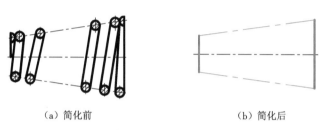

（a）简化前　　　　　　（b）简化后

图 6-46　截锥螺旋压缩弹簧的简化画法

（1）当采用简化画法时，压缩弹簧、扭转弹簧的矩形框，截锥弹簧的梯形框均按弹簧的自由高度 H_0 和弹簧中径 D_2 画出，拉伸弹簧的矩形框则按弹簧中径 D_2 和螺旋部分的长度绘制。

（2）螺旋弹簧一般无需绘制端视图（垂直于弹簧轴线的视图），当确有需要时，也可用单线图表示，如图 6-47 所示。

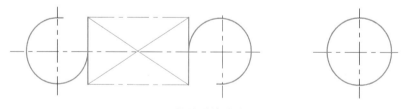

图 6-47　拉伸弹簧的简化画法

（3）采用简化画法表示弹簧时，仍可采用局部视图表示弹簧的端部结构等，如图 6-48 所示。

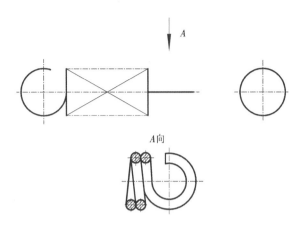

图 6-48　拉伸弹簧的简化画法

（4）对于端部结构较为复杂难于用简化画法表示清楚的螺旋弹簧,也可以采用GB4459.4规定的画法用双线表示,或采用二者结合的形式绘制。

思考题

1.常用的螺纹紧固件有哪些?

2.螺纹的结构要素有哪些? 如何判断螺纹的旋向?

3.螺纹有哪些不同的种类?

4.螺纹标记的内容有哪些?

5.外螺纹的大径和小径,内螺纹的大径和小径分别用哪种线型表示?

6.内外螺纹连接时,旋合部分如何画出?

7.螺栓的公称长度如何设计计算?

8.螺栓连接和螺钉连接有何区别?

9.常用的普通键有哪些?

10.普通平键和半圆键的工作面是哪两个平面? 在其装配图中,键和键槽之间是否有空隙?

11.花键的大径和小径分别用什么线型表示? 绘制花键连接时还应注意哪些问题?

12.常见的销的类型有哪些?

13.滚动轴承有哪些零件组成?

14.滚动轴承的代号有哪些? 其分别代表什么含义?

15.什么情况下采用轴承的规定画法或特征画法?

16.常见的齿轮类型有哪些?

17.渐开线标准直齿圆柱齿轮的各部分名称和代号有哪些?

18.齿轮的基本参数有哪些?

笔记

19. 对齿轮进行尺寸标注时，如何选择径向基准和端面基准？

20. 常用弹簧有哪些类型？

21. 圆柱螺旋压缩弹簧的主要参数有哪些？

22. 左旋螺旋弹簧标注时，应注意什么？

单元七　装配图

学习内容:

　　1. 熟悉装配图的内容,掌握装配图的规定画法、特殊画法、装配图的标注和技术内容、零件序号和明细栏、装配工艺结构等;

　　2. 熟悉装配图绘制及阅读方法和步骤,能够绘制一般装配体的装配图。

任务一　装配图基础知识

一、装配图的内容组成

如图 7-1 所示的钻模装配图,一张完整的装配图一般由以下四个方面的内容组成。

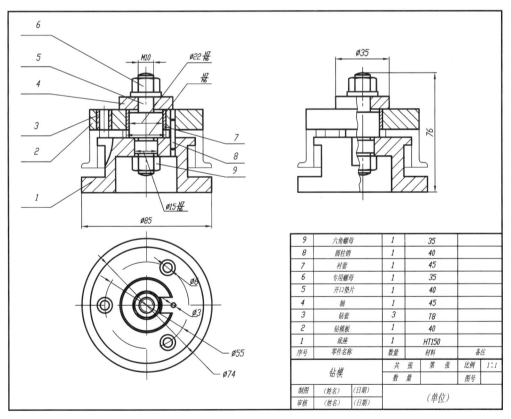

9	六角螺母	1	35	
8	圆柱销	1	40	
7	衬套	1	45	
6	专用螺母	1	35	
5	开口垫片	1	40	
4	轴	1	45	
3	钻套	3	T8	
2	钻模板	1	40	
1	底座	1	HT150	
序号	零件名称	数量	材料	备注

图 7-1　钻模装配图

笔记

1. 一组图形

用以表达机器或部件的工作原理、装配关系、传动路线、连接方式及零件的基本结构。

2. 必要的尺寸

表示装配体的规格、性能以及装配、安装和总体尺寸等。

3. 技术要求

在装配图空白处(一般在标题栏、明细栏的上方或左方),用文字或符号准确、简明地表示机器或部件的性能、装配、检验、调整等要求的内容都属于技术要求。

4. 标题栏、序号和明细栏

共用来说明装配体及其各零部件名称、数量和材料等。

二、装配图的视图表达方法

画装配图之前,必须先了解所画部件的用途、工作原理、结构特征、装配关系、主要零件的装配工艺和工作性能要求等,以便后续确定表达方案。

表达方案的确定包括选择主视图、确定视图数量及各视图表达方法,如图7-2所示。

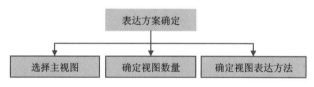

图7-2　表达方案的确定

1. 选择主视图

一般按机器的工作位置选择主视图,并使主视图能够反映装配体的工作原理、主要装配关系及主要结构特征,如图7-1所示的钻模装配图。

2. 确定视图数量及表达方法

(1)主视图确定之后,若还有带全局性的装配关系、工作原理及主要零件的主要结构没有表达清楚,应选择其他基本视图来表达。

(2)基本视图确定后,若装配体上还有一些局部的外部或内部结构需要表达,可灵活地选用局部视图、局部剖视或断面图等来补充表达。

(3)因多数装配体的工作原理表现在内部结构上,故主视图多采用剖视图画出,所取剖视的类型及范围,需根据装配体内部结构的具体情况决定。

任务二　装配图绘制

一、装配图的规定画法

为了便于区分不同的零件,正确表达零件间的关系,装配图在画法上有以下规定。

1. 关于接触面(或配合面)和非接触面的画法

接触面和非接触面的画法如图 7-3 所示。

（1）接触面的画法：相邻两零件的接触面或基本尺寸相同的配合面只画一条线。

（2）非接触面的画法：基本尺寸不同的非配合面,必须画两条直线;间隙较小时,可采用夸大画法。

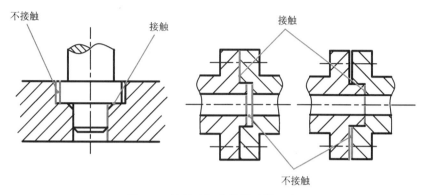

图 7-3　接触面与非接触面的画法

2. 实心件和部分标准件的画法

实心件和部分标准件的画法如图 7-4 所示。

（1）在装配图中,若剖切平面通过实心零件(如轴、杆等)和标准件(如螺栓、螺母、销轴、键等)的基本轴线,则按照不剖绘制。

（2）在这些实心零件上的孔、槽等结构需要表达时,可采用局部剖视。当剖切平面垂直于其轴线剖切时,则需要画出剖面线。

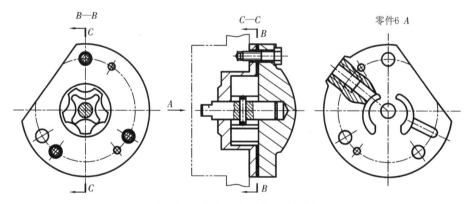

图 7-4　实心件和标准件的画法

3. 铆接连接(装配)的画法

铆接是飞行器特别是飞机结构常用的装配连接形式,普通铆钉的铆接连接画法如图 7-5 所示。

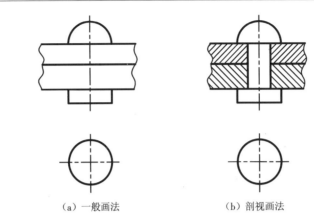

（a）一般画法　　　　　　　　（b）剖视画法

图 7-5　普通铆钉的连接画法

　　高抗剪铆钉、管状铆钉、环槽铆钉及抽芯铆钉的结构较为复杂,其剖视图画法较为烦琐,为此 HB 5859.4—2003 给出了剖视图的简化画法。高抗剪铆钉如图 7-6 所示,管状铆钉如图 7-7 所示。

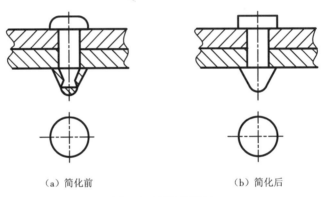

（a）简化前　　　　　　　　　（b）简化后

图 7-6　高抗剪铆钉

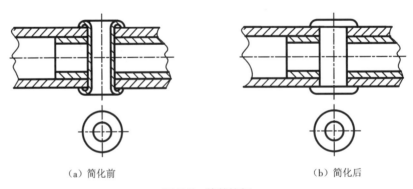

（a）简化前　　　　　　　　　（b）简化后

图 7-7　管状铆钉

　　对装配体中的成排铆钉,若铆钉排只有一种铆钉牌号、规格的铆钉,且铆钉头方向为任意,铆钉可采用中心线表示;当需要指明铆钉头的方向时,应采用指引线注明,如图 7-8 所示。

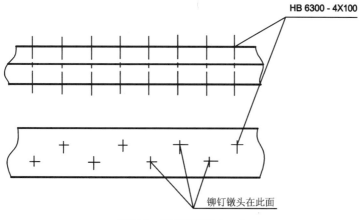

图 7-8　铆钉排画法(一)

当绘制的图样采用缩小比例或大面积、长距离的铆钉排时,可在铆钉排两端画出铆钉图形,中间部分用"+"符号表示,但应与两端的铆钉牌号、规格相同。当铆钉牌号、规格有变化时,则应分别注明,并画出相应铆钉图形,如图 7-9 所示。

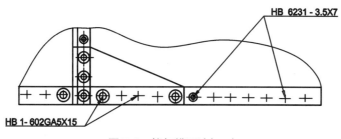

图 7-9　铆钉排画法(二)

4. 胶接件画法

胶接是两个及以上相同材质或不同材质的零件,通过黏结剂连接在一起的连接工艺。飞行器常见的胶接种类有钣金胶接(纯胶接)、胶焊(胶接加点焊)、胶铆(胶接加铆接)机翼填充塑料、各种蜂窝夹芯的夹层结构等。

为清楚表达胶接连接,必要时允许采用胶接符号表示,即用粗实线的符号"K"画在指引线上,如图 7-10 所示。

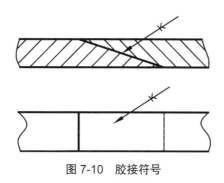

图 7-10　胶接符号

沿封闭线形成的胶接，在胶接指引线端部用细实线画出直径 3~5 mm 的圆表示，如图 7-11 所示。

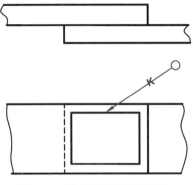

图 7-11　沿封闭线形成的胶接

5. 飞机部件、组件图画法

飞机部件、分部件、组件在装配图中的位置应根据飞机理论图所规定的主要基准面（线）确定其方位；且主视图的方位应符合航向的规定，其在图样中的摆放位置如图 7-12 所示，此时不绘制航向符号。为了绘图方便，对于后掠机翼和尾翼等部件，允许将梁轴线沿图纸的长边方向摆放，但应采用箭头表明航向。必要时，主视图的方位允许与图 7-12 所示方位不一致，此时应采用箭头表明航向，或注明"逆航向"。

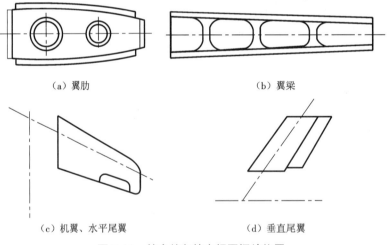

（a）翼肋　　　　　　　　　　　　　　（b）翼梁

（c）机翼、水平尾翼　　　　　　　　　（d）垂直尾翼

图 7-12　符合航向的主视图摆放位置

当飞机部件结构复杂、视图较多时，一般应将基本视图放在首页（当有数页时）的左上部；将向视图、剖视图、局部放大图等辅助视图按代号顺序从左到右、从上到下依次排列。

二、装配图的特殊画法

1. 拆卸画法

在装配图中,当有的零件遮住了需要表达的其他结构或装配关系,而这个零件在其他视图中已表示清楚时,可假设将其拆去,只画出那些需要表达的部分视图,并在该视图上方加注"拆去 ×× 等"字样,这种画法称为拆卸画法,如图 7-13 所示。

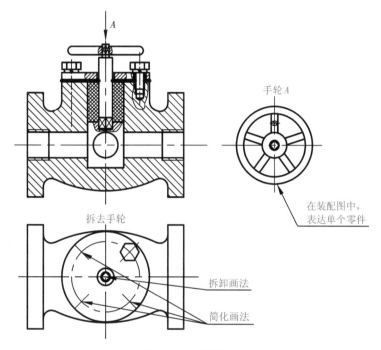

图 7-13 拆卸画法

2. 沿接合面剖切画法

在装配图中,沿两零件的接合面剖切后进行投影,在该视图的接合面处不画剖面线,而那些被横向剖开的标准件则需要画出剖面线。如图 7-14 所示,俯视图右半部分就是接合面移动后的视图。

3. 单独画出某零件的某视图画法

在装配图中,为表示某零件的形状,可另外单独画出该零件的某个表达方式的视图,并加标注,例如要画零件 × 的向视图时,可加标注为"零件 ×",如图 7-13 中的"手轮 A"。

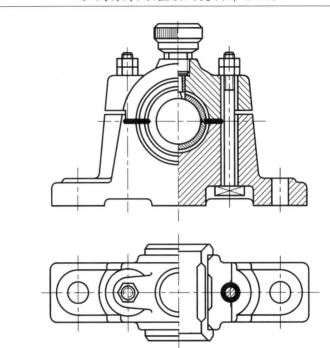

图 7-14　滑动轴承沿接合面剖切的画法

4. 假想画法

假想画法即运动零(部)件极限位置表示法。在装配图中,当需要表示运动零(部)件的运动范围或极限位置时,可将运动件画在一个极限位置上,另一个极限位置用双点画线画出该运动件的外形轮廓,如图 7-15 所示。

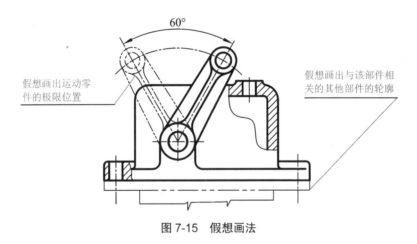

图 7-15　假想画法

5. 相邻零(部)件表示法

在装配图中,当需要表示与本部件有相配或安装关系的其他零(部)件时,可用双点画线画出该相邻零(部)件的部分外形轮廓,如图 7-16 所示。

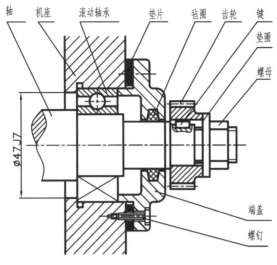

图 7-16　装配图中的简化画法

6. 展开画法

为表示齿轮传动顺序和装配关系,可按空间轴系传动顺序沿其各轴线剖切后依次展开在同一平面上,画出剖视图,并在剖视图上方加注"X—X"。

7. 夸大画法

在装配图中,当有些零件无法按实际尺寸画出,或者虽然也能按实际画出,但不明显,为了使图形表达清晰,可将其夸大画出,如图 7-16 中的垫片。

8. 简化画法

在装配图中,零件的工艺结构如小圆角、倒角、退刀槽等允许不画出;螺栓、螺母的倒角和因倒角而产生的曲线允许省略,如图 7-16 所示。

> **注:**
> 　　1. 滚动轴承等零件,在装配图中,按国标规定可以用特殊画法,也可采用规定的画法,但画图时只能采用同一种画法。
> 　　2. 对于若干相同的零件组(如螺纹紧固件组等),可以只在一个地方详细地画出,其余各处以点画线的形式表示其位置就可以。
> 　　3. 在剖视图或剖面图中,若零件的厚度在 2 mm 以下,允许用涂黑代替剖面符号。

三、装配工艺结构

为保证机器或部件能顺利装配,并达到设计规定的性能要求,而且拆、装方便,必须使零件间的装配结构满足装配工艺要求。

1. 零部件接触、配合及拐角处的结构

两零件在同一方向上(横向、竖向或径向)只能有一对接触面。这样既能保证接触良好,又能降低加工要求及加工成本;否则将造成加工困难,并且在装配时容易产生过

定位等问题,如图 7-17 所示。

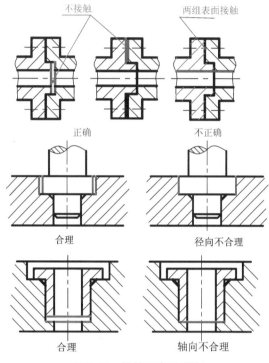

图 7-17　接触面合理结构

(1)对于锥面的配合,轴向和径向的位置能同时被确定。当锥孔不通时,应在锥孔末端留有轴向间隙,否则得不到稳定的配合。

(2)零件两个方向的接触面在转折处应做成倒角、倒圆或凹槽,以保证两个方向的接触面均接触良好。转折处不应都加工成直角或尺寸相同的圆角,因为这样会使装配时转折处发生干涉,以致接触不良而影响装配精度,如图 7-18 所示。

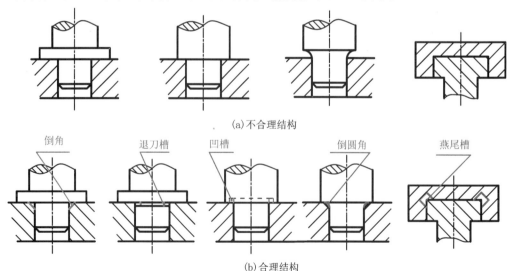

图 7-18　各种转折处结构的应用图例

2.轴向定位结构

轮子(齿轮、皮带轮和手轮等)或轴承在轴上要求定位,以保证不发生轴向窜动。因此,轴肩与轮子的接触处结构要合理。如图 7-19 所示,以紧固件作轴向定位的,轴肩处应有一定的结构要求。

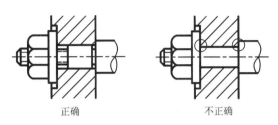

正确　　　　　　　　不正确

图 7-19　轴向定位结构图例

四、装配图尺寸标注

装配图只需注出用以说明机器或部件之间的装配关系、工作原理等方面的尺寸,一般只标注以下几类尺寸。

1.性能尺寸(规格尺寸)

性能尺寸是表示机器或部件的性能、规格的尺寸,是设计和选用机器的依据。

2.装配尺寸

装配尺寸包括配合尺寸和相对位置尺寸,如图 7-20 所示。

(1)配合尺寸是表示两零件间配合性质的尺寸,是装配或拆画零件图时确定零件尺寸偏差的依据,一般注明配合代号。

(2)相对位置尺寸表示设计或装配机器时需保证的零件间较重要相对位置的尺寸。

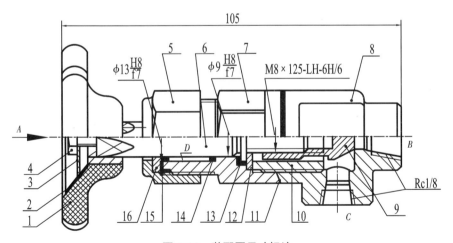

图 7-20　装配图尺寸标注

3.安装尺寸

安装尺寸是表示将机器或部件安装在地基上或与其他部件相连接时所需要的

笔记

尺寸。

4. 外形尺寸（总体尺寸）

外形尺寸是表示机器或部件外形的总长、总宽、总高的尺寸，是在包装、运输和安装过程中确定其所占空间大小的依据。

5. 其他重要尺寸

在设计过程中经过计算机确定或选定的尺寸，但又不包括在上述几类尺寸之中的重要尺寸，如轴向设计尺寸、主要零件的结构尺寸、主要定位尺寸、运动件极限位置尺寸等。

五、零件序号和明细栏

零件序号、标题栏、明细栏是装配图中不可缺少的重要组成部分，它们的作用是在机械产品的装配、图纸管理、备料、编制购货订单和有效组织生产等方面为工作人员提供方便。

1. 零件序号的编写

在装配图上要对所有零件或部件编上序号，而且每个零件只能编一个序号。

（1）序号的形式。常见标注序号的形式有三种，如图 7-21 所示。

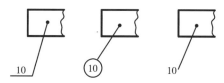

图 7-21　标注序号的三种形式

（2）序号的组成。序号由圆点、指引线、水平线（或圆）及数字组成。

（3）注意事项。编写序号时，应注意以下几个问题。

①编注序号一般有三种形式，同一装配图中标注序号的形式应保持一致。

②序号的指引线应从零部件的可见轮廓内引出，末端画一小圆点。

③对于涂黑的零部件可将指引线的末端改成箭头的形式。

④指引线应尽可能分布均匀，不得相交，而且避免与剖面线平行。

⑤指引线可弯折而且只能弯折一次，如图 7-22 所示。

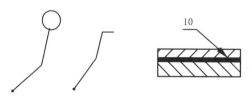

指引线可弯折一次　　　　　涂黑部分指引方法

图 7-22　指引线的画法

⑥连接件或装配件也可使用公共指引线，标注形式如图 7-23 所示。

⑦序号按水平或垂直方向书写,并按顺(逆)时针方向排列,不得跳号。

⑧对于标准件如滚动轴承等,可看成一个整体,只编一个序号。

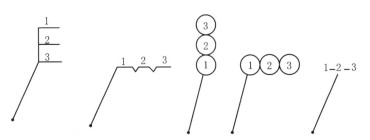

图 7-23　公共指引线的标法

2. 标题栏和明细栏

装配图的标题栏与零件图的画法一致,可用标准画法,也可采用简化画法。

明细栏画在标题栏的上方,当标题栏的上方位置不够用时,也可续接在标题栏的左方。明细栏中一般包含零部件的序号、名称、数量、材料等内容,并在备注栏内注写标准件的国标代号或其他备注内容。明细栏内的序号是从下向上按顺序写的。

无论是在设计机器、装配产品,还是在使用和维修机器设备,或者是在技术学习或技术交流的时候,都会遇到识读装配图的问题。因此,工程技术人员必须学会识读装配图,如图 7-24 所示。

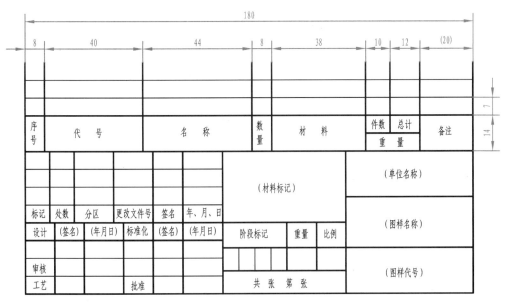

图 7-24　装配图标题栏与明细表(参考画法)

六、装配图的绘制步骤

(1)根据选定的视图方案,绘制各视图的对称中心和基准线,同时绘制标题栏和明细栏的位置。

笔记

（2）画出主体零件（箱体、箱盖）和重要零件（齿轮、轴）的轮廓外形。

（3）按装配关系，逐个绘制装配主线上的零件的轮廓形状。绘图时，注意零件间的位置关系和遮挡虚实关系。

（4）绘制各个视图的细节。

（5）绘制剖面线，标注尺寸，编零件序号，填写标题栏、明细栏及技术要求等，经过检查、修改、最后描深。

任务三　装配图识读

一、识读装配图的目的

识读装配图的主要任务如图7-24所示。

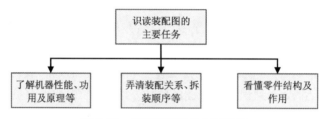

图7-25　识读装配图的主要任务

（1）了解装配体（机器或部件）的性能、功用和工作原理。

（2）弄清各个零件的作用和它们之间的相对位置、装配关系、连接和固定方式以及拆装顺序等。

（3）看懂零件（特别是几个主要零件）的结构形状。

下面以减速器的装配图为例，来具体分析识读装配图的方法、步骤。

二、识读装配图的方法及步骤

1. 步骤一：概括了解装配体的结构、工作原理及性能特点

看装配图时，先从标题栏里知道装配体的名称，概括地看一看所选用的视图和零件明细栏，大致可以看出装配体的规格、性能和繁简程度，并对装配体的功用和运动情况有一个概括了解。

2. 步骤二：确定视图关系，分析各图作用

分析装配图上各视图之间的投影关系及每个图形的作用。先确定主视图；然后确定其他视图及剖视图、剖面图的剖切位置；再分析各视图的表达重点，了解装配体的组成及基本结构。

3. 步骤三：分析部件运动，弄清装配关系

（1）部件运动分析的方法。分析部件运动规律时，应先将装配图大体分成几大部分来分析，只有当各个部分都弄清楚了，才能更好地认识其总体。

具体看图时,可从反映该装配体主要装配关系的视图上开始,根据各运动部分的装配关系,对照各视图的投影关系,从各零件的剖面线方向和密度来分清零件。

（2）零件的分类。组成每个运动部分的零件,根据它在装配体中的作用,大致可分为三类:运动件、固定件和连接件(后两者都是相对静止的零件)。

4. 步骤四:分析零件作用,看懂零件形状

（1）分析零件的基本思路。分析零件时,首先要分离零件,根据零件的序号,先找到零件在某个视图上的位置和范围;再遵循投影关系,并借助同一零件在不同的剖视图上剖面线方向、宽窄应一致的原则来区分零件的投影;将零件的投影分离后,采用形体分析法和结构分析法,逐步看懂每个零件的结构形状和作用,如图 7-26 所示。

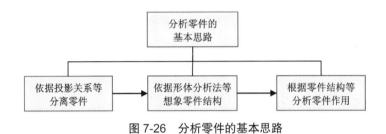

图 7-26　分析零件的基本思路

（2）分析零件的基本方法。分析零件形状的主要方法仍然是运用投影规律进行形体分析和线面分析。依照投影规律分清每个零件在各个视图中的位置,由平面图形想象空间形状。

①先从主视图着手,分清各零件在视图中的轮廓线范围,并结合各零件剖面的差异,勾画出各零件的基本形状。

②逐条分析图中每一条轮廓线(包括不可见轮廓线)。如分析相贯线的形状,可以判断组成一个零件的基本形体的几何形状和它们之间的相对位置。

③分析零件与相邻零件的关系,相邻两零件的接触表面一般具有相似性。

在上述分析的基础上,想象零件的空间形状,从平面到空间,再从空间到平面反复思考,直到将零件的结构形状全部弄清楚。

（3）尺寸分析。装配图一般是按一定比例绘制的,图中只标注几种必要的尺寸。这些尺寸表明了装配体的结构特征、配合性质、形状和大小,是装配图的重要组成部分。尺寸分析包括分析图上及明细表内注写的全部尺寸及符号,分析尺寸是深入看图的手段。

5. 步骤五:综合各部分结构,想象总体形状

综合分析的目的是对整个装配体有一个完整的认识,以实现以下目标。

（1）全面分析装配体的整体结构形状、技术要求及维护使用要领,进一步领会设计意图及加工和装配的技术条件。

（2）掌握装配体的调整和装配顺序,画出拆装顺序图表。

（3）想象装配体的整体形状。

思考题

1. 装配图中包括哪些内容？

2. 选择装配图的主视图时应注意哪些因素？如何确定视图数量及表达方法？

3. 相邻两零件的接触面应如何画出？非接触面间隙较小时，可采用哪种画法？

4. 在装配图中，剖切平面通过实心零件和标准件的轴线时，应该如何绘制？

5. 装配图的特殊画法有哪些？

6. 对于锥面的配合，当锥孔不通过时，应如何作图？零件两个方向的接触面在拐角处应如何处理？

7. 以紧固件作轴向定位时，轴肩处有何结构要求？

8. 装配图中有哪些常见的尺寸种类？

9. 编写零件序号时，应注意哪些问题？

10. 装配图的标题栏和明细栏有哪些内容？明细栏的序号是按什么顺序编写的？

11. 简述装配图识读的方法和步骤。

单元八　其他图样

学习内容：

　　1. 了解焊接、焊接件、焊接图的基本概念；

　　2. 熟悉焊缝的规定画法，能够正确绘制常见焊缝；

　　3. 熟悉常用的焊缝标注方法，掌握焊缝的基本符号、扩充符号、指引线，焊缝尺寸符号及焊缝尺寸标注的基本原则，能够正确标注常见焊缝；

　　4. 熟悉焊缝的简化标注及其注意事项，能正确识读一般焊接件。

任务一　焊接图

　　焊接是将金属构件的连接处局部加热至熔化或半熔化状态后，用加压或在其间用熔化的金属填充等方法，使多个构件连接为一整体。焊接是不可拆的一种特殊连接，通过焊接连接而成的工件常作为一个零件，即焊接件。焊接图是表达焊接件的结构、焊接类型及其要求的图样。

一、焊缝的规定画法

1. 焊接接头

　　焊接接头是指两个或两个以上零件用焊接方法连接所形成的接头，其形式主要有对接接头、T 形接头、角接接头和搭接接头等，如图 8-1 所示。

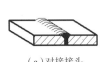

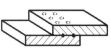

（a）对接接头　　　　（b）T 形接头　　　　（c）角接接头　　　　（d）搭接接头

图 8-1　焊接的接头形式

注：

　　工程上使用的焊接接头形式除上述介绍的主要接头形式外还有其他多种形式，如指接接头、卷边接头等，详细内容可参考 GB/T 324—2008 国家标准文件。

2. 焊缝的规定画法

　　焊缝（ Welded Seam ）是工件焊接后所形成的缝隙。焊缝可用视图、剖视图或断面图表示，也可以用轴测图示意地表示（ GB/T 12212—2012 ）。

1）视图

焊缝可以采用一系列细实线段表示，也允许采用加粗线（可见轮廓线宽度的2~3倍）表示，如图8-2所示。但在同一图样中，只允许采用一种画法。

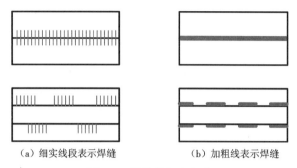

（a）细实线段表示焊缝　　　　　（b）加粗线表示焊缝

图8-2　焊缝的规定画法

在表示焊缝端面的视图中，通常用粗实线绘出焊缝的轮廓；必要时，可用细实线画出焊接前的坡口形状等，如图8-3所示。

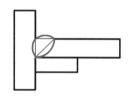

图8-3　焊缝的端面视图画法

2）剖视图或断面图

在剖视图或断面图上，焊缝的金属熔焊区通常应涂黑表示，若同时需要表示坡口等形状，熔焊区部分亦可按焊缝的端面视图画法用细实线绘制坡口形状，如图8-4所示。

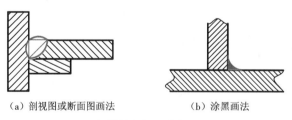

（a）剖视图或断面图画法　　　　　（b）涂黑画法

图8-4　焊缝的剖视图或断面图画法

3）轴测图

在轴测图中，焊缝可示意地表示，其画法如图8-5所示。

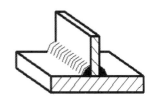

图 8-5　轴测图中焊缝画法

行业标准 HB 5859.4—2003《飞机制图 装配图画法》细化了焊缝的画法规则,规定了熔焊、钎焊、压焊的焊缝画法。

二、焊缝的标注

图样上,焊缝有符号法(图 8-6)、图示法(图 8-4、图 8-5)两种标注方法。焊缝标注以符号标注法为主,必要时允许辅以图示法。譬如,图样常采用连续或断续的粗线表示连续或断续焊缝;在需要时绘制焊缝局部剖视图或放大图表示焊缝剖面形状;用细实线绘制焊前坡口形状等。

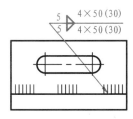

图 8-6　符号法

1. 符号法

符号法是通过焊缝符号和指引线表明焊缝形式的标注方法,如图 8-6 所示。完整的焊缝符号包括基本符号、补充符号、尺寸符号及数据等。为了简化,在图样上标注焊缝时通常只采用基本符号和指引线,其他内容一般在焊接工艺规程等有关文件中明确。

1)基本符号

基本符号是用来表达焊缝横截面形状的符号,GB/T 324—2008 规定了 20 种基本符号。图 8-7 给出了 13 种常用的基本符号。

提示:

焊接在飞行器上应用较多,焊接质量的好坏是飞行器工作的可靠性重要影响因素之一。

规范、准确标注焊缝是保证焊接质量的基本前提,必须坚持 100% 的质量意识。

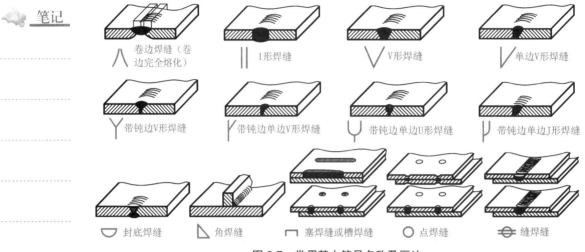

图 8-7　常用基本符号名称及画法

> **注:**
> 　　国家标准 GB/T 12212—2012 规定了基本符号的绘制尺寸和比例,本书仅给出几种基本符号的绘制图例(图 8-8),其他基本符号的绘制尺寸和比例请查阅国家标准 GB/T 12212—2012。

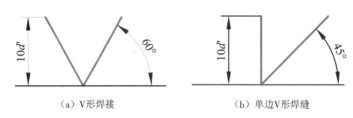

图 8-8　基本符号的尺寸及比例(d' =1/10 h , h 为字高)

标注双面焊焊缝或接头时,基本符号可以组合使用,如图 8-9 所示。

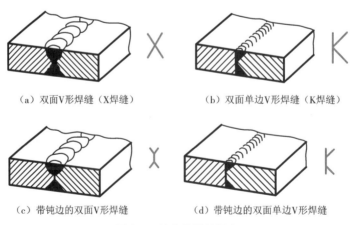

图 8-9　基本符号的组合

2）指引线

指引线一般由带箭头的细实线和两条平行的基准线组成。基准线中一条为细实线,另一条为细虚线,细虚线可画在细实线的上侧或下侧,如图 8-10 所示。基准线一般和图样中标题栏的长边平行,必要时也可与长边垂直。

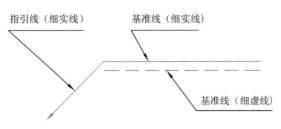

图 8-10　指引线的画法

3）补充符号

补充符号是用来说明焊缝表面形状（图 8-11）、衬垫（图 8-12）、焊缝分布（图 8-13、图 8-14）、施焊地点（图 8-15）等特征的符号。

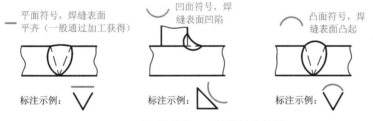

图 8-11　说明焊缝表面形状的补充符号

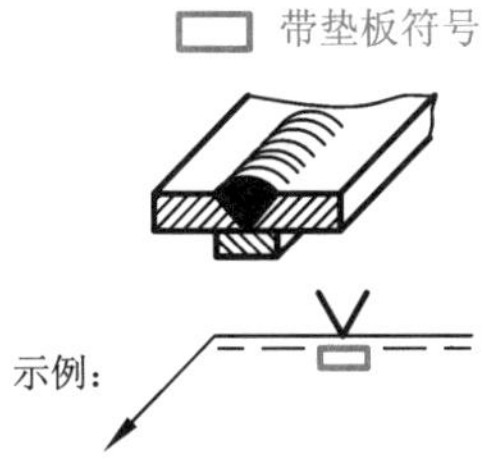

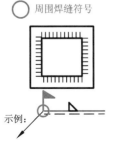

图 8-12　表示焊缝底部有垫板

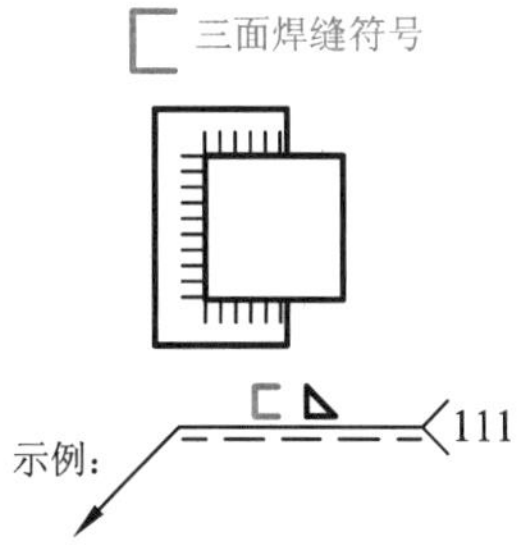

图 8-13　表示三面有焊缝

图 8-14　表示环绕工件周围有焊缝

图 8-15　其他补充符号

4）焊缝尺寸

对于无严格要求的焊缝，一般不必标注焊缝的尺寸。如需注明焊缝尺寸，焊缝的基本符号可以附带尺寸数字。尺寸数字一般由坡口、熔核、焊缝的形状参数或数量参数组成。

（1）坡口参数有坡口角度、坡口面角度、根部间隙、钝边间距、坡口深度等，如图 8-16 所示。

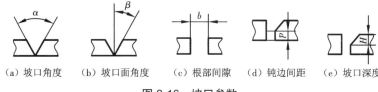

(a) 坡口角度　(b) 坡口面角度　(c) 根部间隙　(d) 钝边间距　(e) 坡口深度

图 8-16　坡口参数

（2）熔核参数有焊角高度、熔核直径、焊缝有效厚度、根部半径、熔核余高等，如图 8-17 所示。

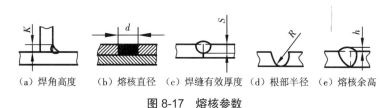

(a) 焊角高度　(b) 熔核直径　(c) 焊缝有效厚度　(d) 根部半径　(e) 熔核余高

图 8-17　熔核参数

（3）焊缝参数有焊缝宽度、焊缝长度、焊缝段数、焊缝间距、相同焊缝数量等，如图 8-18 所示。

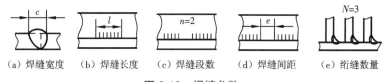

(a) 焊缝宽度　(b) 焊缝长度　(c) 焊缝段数　(d) 焊缝间距　(e) 焊缝数量

图 8-18　焊缝参数

标注焊缝尺寸时，焊缝的相关横截面尺寸标注在基本符号的左侧，焊缝长度方向尺寸标注在基本符号的右侧；坡口角度及根部间隙尺寸标注在基本符号的上方或下方，如图 8-19 所示。

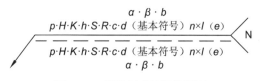

图 8-19　焊缝尺寸的标注原则

2. 符号法标注注意事情

1）箭头线的标注位置

箭头线相对于焊缝位置一般没有特殊要求,可以绘制在焊缝的正面或背面、上方或下方,如图 8-20 所示。

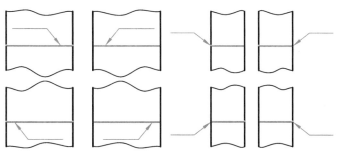

图 8-20　箭头线位置

但是,标注单边 V 形焊缝、带钝边单边 V 形焊缝、J 形焊缝时,箭头应指向工件上焊缝带坡口的一侧,如图 8-21 所示。必要时,箭头线可折弯一次,如图 8-22 所示。

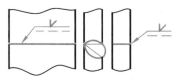

图 8-21　单边 V 形焊缝的箭头线位置

图 8-22　箭头线折弯示例

2）箭头线与焊接接头的相对位置

根据箭头线与焊接接头的相对位置,接头的两侧面可分为焊缝的箭头侧与焊缝的非箭头侧,如图 8-23 所示。

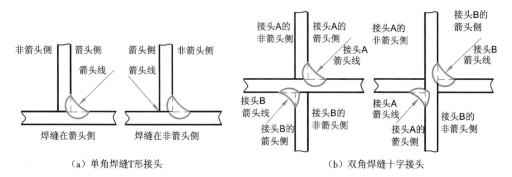

（a）单角焊缝T形接头　　　　　（b）双角焊缝十字接头

图 8-23　箭头线与焊缝接头的相对位置

焊缝与箭头侧的位置不同,基本符号在基准线上的标注位置也不相同。焊缝在箭头侧,基本符号标注在基准线的实线侧,否则标注在基准线的虚线侧。标注对称焊缝或双面焊缝时,可省略基准线的虚线,如图 8-24 所示。

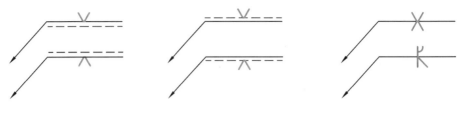

（a）焊缝在接头的箭头侧　　　　　（b）焊缝在接头的非箭头侧　　　　　（c）对称焊缝或双面焊缝

图 8-24　　箭头线与焊缝接头的相对位置标注

3）焊缝的简化标注

在同一图样中,若焊接方法完全相同,焊接方法的代号可以省略,但必须在技术要求项内或其他技术文件中注明"全部焊缝均采用 ×××× 焊"等字样;当大部分焊接方法相同时,可在技术要求项内或其他技术文件中注明"除图中注明的焊接方法外,其余焊接采用 ×××× 焊"等字样。

标注交错对称焊缝的尺寸时,允许在基准线上只标注一次,可不重复标注。

例:图 8-25 所示为断续双面对称角焊缝,共 35 段焊缝,每段 50 mm,间距为 30 mm,符号"Z"表示交错断续焊缝;同时省略了基准线下方 35×50、(30)等。

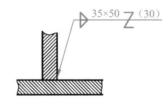

图 8-25　　对称焊缝尺寸可不重复标注

对于断续焊缝、对称断续焊缝及交错断续焊缝的段数无严格要求时,允许省略焊缝段数的标注。

例:图 8-26 所示为断续双面角焊缝,焊脚高度为 5 mm,焊缝每段长 50 mm,段数无严格要求,间距为 30 mm;该标注省略了焊缝段数的标注。

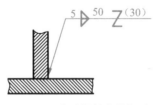

图 8-26　　省略焊缝段数标注

对于若干条坡口尺寸相同的同一形式焊缝可以集中标注。若这些焊缝在接头中的位置相同,也可在尾部符号内标出焊缝数量,简化标注;但其他形式的焊缝,需分别标注。

例：图 8-27 所示为角焊缝,在箭头所指的一侧焊接,焊角高度为 5 mm,焊缝长度为 250 mm,4 条焊缝采用集中标注。图 8-28 所示左边标注为角焊缝,在箭头所指的一侧焊接,焊角高度为 5 mm,焊缝段数为 4 条;右边的标注为单边 V 形焊缝,两面对称,焊角高度为 5 mm,焊缝长度为 250 mm。

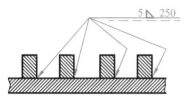

图 8-27　坡口相同焊缝集中标注

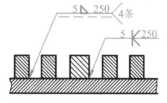

图 8-28　尾部标出焊缝数量

为了使图样清晰或在标注位置受到限制时,可采用简化代号(或符号)代替通用的符号标注焊缝,但必须在该图的下方或标题栏附近说明简化代号的意义,如图 8-29 所示。

在不引起误解时,当箭头线指向焊缝,而非箭头侧又无焊缝要求时,可省略非箭头侧的基准线(虚线);当焊缝起始和终止位置明确时,允许省略焊缝长度尺寸,如图 8-30 所示。

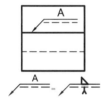

图 8-29　简化代号标注

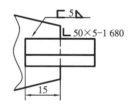

图 8-30　省略非箭头侧基准线和焊缝长度

三、焊接件示例

图 8-31 所示为轴承挂架的焊接图,图中立板与横板采用双面焊接,上面为单边 V 形平口焊缝,钝边高为 4 mm,坡口角度为 45°,根部间隙为 2 mm;下面为角焊缝,焊角高为 4 mm;肋板与横板及圆筒采用焊角高为 5 mm 的角焊缝,与立板采用焊角高为 4 mm 的双面角焊缝;圆筒与立板采用焊角高为 4 mm 的周围角焊缝。

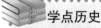　**学点历史**

　　我国焊接应用较早,商朝的铁刃铜钺是铁和铜的铸焊件;曾侯乙墓中的建鼓铜座与其上的盘龙是采用分段钎焊连接而成。

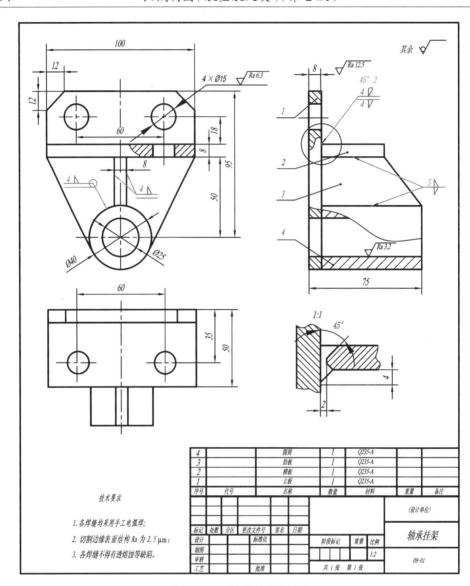

图 8-31　轴承挂架焊接图

　　焊接图与零件图的不同之处在于各相邻零件的剖面线的倾斜方向应不同，且在焊接图中需对各构件进行编号，并需要填写零件明细栏。可见，虽然焊接图表达的仅仅是一个零件，但在形式上类似装配图。

任务二　复合材料构件零件图

　　复合材料（Composite Materials）是由两种或两种以上化学、物理性质不同的组分材料，经人工复合而成的，各组分材料之间具有明显界面及新性能。因其具有质量轻、强度高、刚度好、不易腐蚀等优点，在现代民用飞机等机械结构中得到较多应用。

　　复合材料构造常见有层合板、夹心结构等类型。层合板是若干层湿铺层或预浸料铺层按照某种铺层设计以铺叠黏结的形式,经加温加压,固化而成的多层板材,如 8-32 所示。夹心结构是由上、下复合材料面板与夹心材料用胶黏结而成的整体结构,如图 8-33 所示。

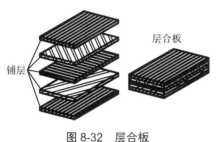

图 8-32　层合板　　　　　　　　　　图 8-33　夹心结构

航空航天工业部航空工业标准 HB 5859.2—2003 规定,具有确定轮廓形状的复合材料层片称为铺层;铺层集指固化前可以分割出来的铺层组合,是复合材料零件的组成单元;已固化的复合材料铺层组合称为复合材料零件,在复合材料共固化构件中,组合前未固化的铺层组合可视为零件;由两个以上(含两个)的复合材料零件或复合材料与非复合材料零件,通过胶接或其他连接形式组成的构件称为复合材料组合件。

一、铺层编号

为清晰表示复合材料零件内部铺层结构,每一铺层都应给出由铺层序号和铺层集序号两部分组成的铺层编号,即任一层次的每一单独的铺层以及不同层次的相同材料、相同铺设方向的铺层都应给出各自编号,如图 8-34 所示。

图 8-34　铺层编号

铺层集序号以零件为单位,从 1 开始按自然数顺序编排,对称铺层集序号应连续。铺层序号以铺层集为单位,自贴膜面起按层次或铺叠次序从 1 开始依自然数顺序编排,需要时允许中间空号。如图 8-35 所示,图(a)和图(b)各铺层是按铺叠次序顺序编号,而图(c)和图(d)未按铺叠次序编号。

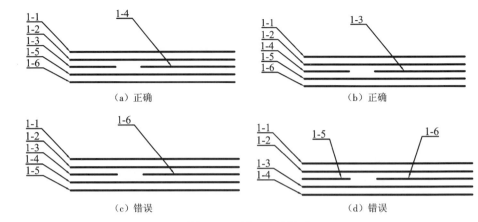

图 8-35　铺层编号示例

二、铺层坐标编号

每个复合材料零件都应有铺设坐标,坐标数可多于一个,均应有各自的编号。在图样中,铺设编号从 1 开始按自然数顺序编排。铺设坐标编号标注在铺设坐标原点附近的正三角符号内。对称铺设坐标编号应连续。如图 8-36 所示,铺设坐标原点处的正三角内数字 3 表示该铺设坐标为该份图样中的第 3 号铺设坐标。

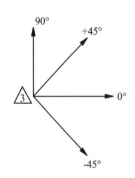

图 8-36　铺设坐标编号

三、图样表示法

1. 剖面符号

复合材料采用剖面符号表示,见表 8-1。

表 8-1　复合材料剖面符号

材料	剖面符号
复合材料	

续表

材料		剖面符号
蜂窝夹心	平行于格孔轴线	
	垂直于格孔轴线	
充填填充料的蜂窝夹心		
膨胀胶膜、泡沫塑料、空心微球填充料		
胶　膜		0.8~1

2. 结构图

在视图中,一般只绘制零件边缘线,不绘制铺层边缘线。除装配需要的下陷或台阶外,铺层递减造成的台阶或斜面一般不绘制。图 8-37 是铺层图,需要表达铺层内部结构边缘线;而图 8-38 为结构图,仅绘制零件边缘线。

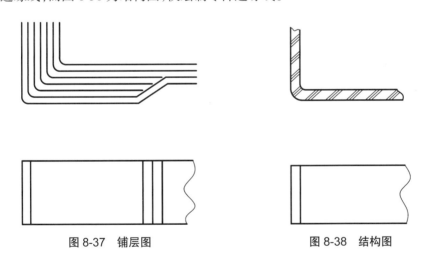

图 8-37　铺层图　　　　　　　　　　图 8-38　结构图

夹层结构图必须作局部剖视,以标识出夹心结构,若为蜂窝夹心应画出方向,如图 8-39 所示。

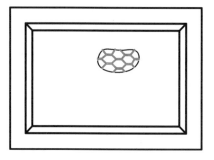

图 8-39　夹层结构视图

由多个铺层集组成的共固化复合材料零件,剖面图(含剖视图)应采用双点画线绘制出铺层集之间的分离面,并标注每个铺层编号"k-"。对称铺层集必须成对标注,前者为所指铺层集编号,后者为与之对称的铺层集编号,并加圆括号以表示区别。如图 8-40 所示,"2-(3-)"中"2-"表示图示所指的铺层集编号,"3-"表示对称铺层集编号。

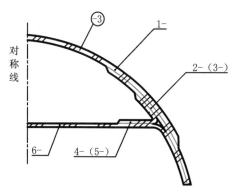

图 8-40　共固化复合材料零件剖面图

3. 铺层平面图

铺层平面图是表示铺层几何形状、尺寸和公差的视图。在铺层平面图中,铺层边缘线用细实线绘制,并注明铺层编号。当铺层边缘线与零件轮廓线重合时,保留零件轮廓线。铺层平面图应在其名称下面标注"铺层平面图"字样,如图 8-41 所示。

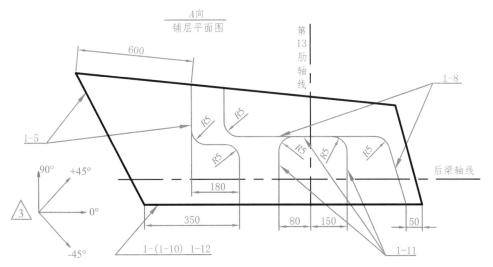

图 8-41 铺层平面图

在复合材料组合件中存在两个或两个以上复合材料的无图零件时,每个复合材料的无图零件应单独绘制铺层平面图,以指导无图零件的制造。

对于铺层递减关系简单的零件,铺层平面图允许与结构图合并,此时视图名称下面标注"含铺层平面图"字样,如图 8-42 所示。若视图为主视图,则在视图上方标注。

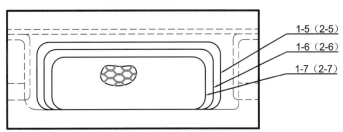

图 8-42 结构图与铺层平面图合并

对于复杂的共固化零件,其铺层集的铺层平面图允许单独绘制,但应在铺层平面图名称的右侧注明"仅示零件 -n 第 k 铺层集"字样,如图 8-43 所示。

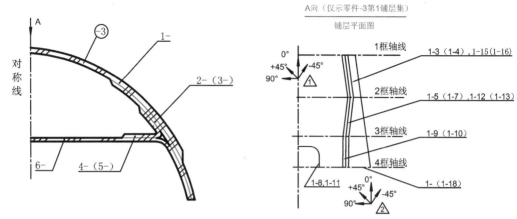

图 8-43　铺层集的铺层平面图

当铺层平面图无法表示清楚某层次铺层的拼接关系时,可以将该层次的铺层抽出来单独绘制,可见铺层边缘线用实线绘制,不可见铺层边缘线用虚线绘制,如图 8-44 所示。该图上方应标注"铺层平面图"字样。

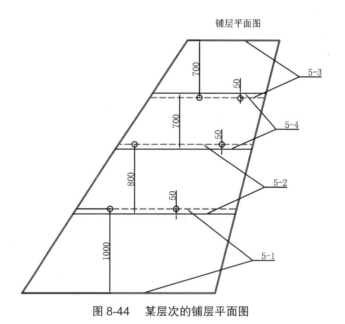

图 8-44　某层次的铺层平面图

4. 铺层剖面图

表示铺层层次关系、几何尺寸、公差及贴膜面的剖面图称为铺层剖面图。铺层剖面图为示意图,可不按比例绘制。在铺层剖面图中,一条细实线表示一个铺层,线间距为 2~5 mm,铺层的起止端用圆点表示,如图 8-45 所示。

铺层对接处用圆点(直径约 1 mm)分割,并注明圆点两侧的铺层编号。铺层断开处不画波浪线,如图 8-46 所示。铺层剖面图必须在其名称下注明"铺层剖面图"字样。铺层剖面图可与结构剖面图(剖视图)共用一个名称,但剖切处应依次注明结构剖面图

（剖视图）和铺层剖面图所在的图区，如图 8-47 所示。

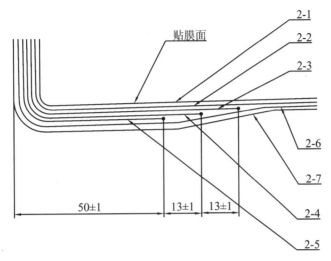

图 8-45 铺层剖面图画法

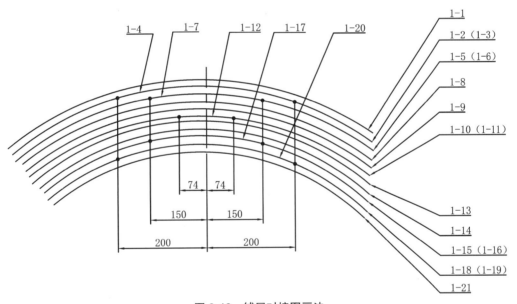

图 8-46 铺层对接图画法

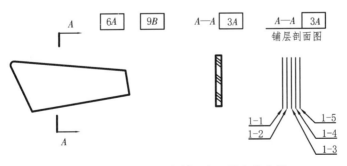

图 8-47 结构剖面图与铺层剖面图名称合用

夹层结构的铺层剖面应画出夹心零件及其剖面符号,夹心零件边缘用实线绘制,以表示胶层,并标注胶层牌号,如图8-48所示。

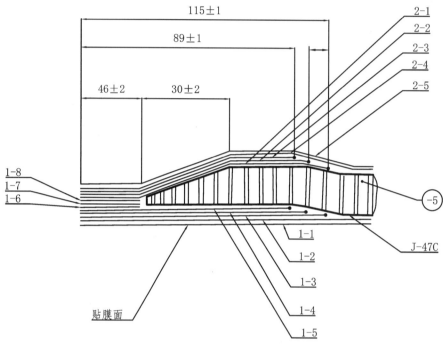

图8-48　夹层结构铺层剖面图

胶接组合件的铺层剖面图,应画出胶层,并注明胶层牌号,如图8-49所示。铺层剖面图必须注明贴膜面,在"贴膜面"字样下面注明无图零件图图号(零件图不标注),如图8-48和图8-49所示。

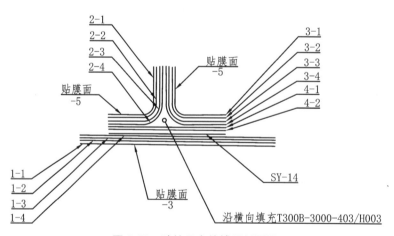

图8-49　胶接组合件铺层剖面图

对于铺层无拼接或递减关系的零件,即零件处铺层无变化的零件,可以不画铺面层。对于铺层拼接或递减关系简单的零件,允许只绘制铺层平面图或铺层剖面图。

任务三　轴测图

一、轴测图的作用

轴测图在表达机器的工作原理、操纵机构、机器空间形状时,具有更加直观、清晰、生动的效果,如图 8-50 所示。

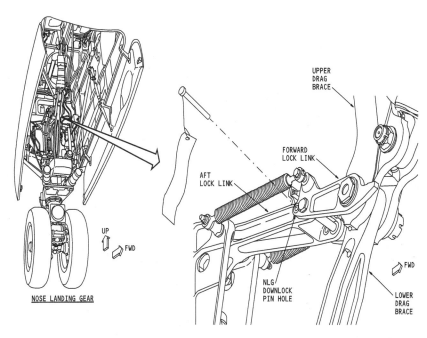

图 8-50　某飞机前起落架的锁紧机构

轴测图一般不能反映出物体各表面的实形,度量性差,同时作图较为复杂。因此,工程上常采用轴测图来辅助表达物体,在结构设计、技术革新中,轴测图作为辅助图样来帮助人们构思、想象物体的形状,以弥补正投影图的不足;在产品说明书及广告中,轴测图常作为立体图样,帮助人们直观说明或宣传产品。

二、轴测图的形成原理

用平行投影法将物体连同确定该物体的直角坐标系,沿不平行于任一坐标平面的方向投射到一个投影面上,所得到的图形称为轴测投影图,简称轴测图,如图 8-51 所示。

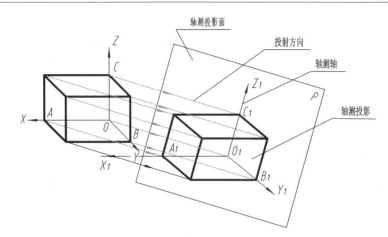

图 8-51 轴测图的形成

在轴测投影中，选定的投影面 P 称为轴测投影面；空间直角坐标轴 OX、OY、OZ 在轴测投影面上的投影 O_1X_1、O_1Y_1、O_1Z_1 称为轴测轴；两轴测轴之间的夹角 $\angle X_1O_1Y_1$、$\angle Y_1O_1Z_1$、$\angle X_1O_1Z_1$ 称为轴间角；轴测轴上的单位长度与空间直角坐标轴上对应单位长度的比值，称为轴向伸缩系数，OX、OY、OZ 的轴向伸缩系数分别用 p_1、q_1、r_1 表示。

轴间角与轴向伸缩系数是绘制轴测图的两个主要参数。如在图 8-51 中，$p_1 = O_1A_1/OA$，$q_1 = O_1B_1/OB$，$r_1 = O_1C_1/OC$。

三、轴测图的种类

1. 按照投影方向与轴测投影面的夹角不同分类

（1）正轴测图：轴测投影方向（投影线）与轴测投影面垂直时投影所得到的轴测图。

（2）斜轴测图：轴测投影方向（投影线）与轴测投影面倾斜时投影所得到的轴测图。

2. 按照轴向伸缩系数的不同分类

（1）正（或斜）等测轴测图：$p_1 = q_1 = r_1$，简称正（斜）等测图，如图 8-52（a）所示。

（2）正（或斜）二等测轴测图：$p_1 = r_1 \neq q_1$，简称正（斜）二测图，如图 8-52（b）所示。

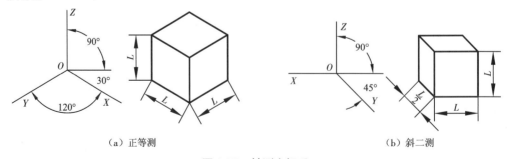

（a）正等测 （b）斜二测

图 8-52 轴测坐标系

（3）正（或斜）三等测轴测图：$p_1 \neq q_1 \neq r_1$，简称正（斜）三测图。

四、正等轴测图

1. 形成方法

如图 8-53（a）所示，如果使三条坐标轴 OX、OY、OZ 对轴测投影面处于倾角都相等的位置，把物体向轴测投影面投影，所得到的轴测投影就是正等轴测图，简称正等测图。

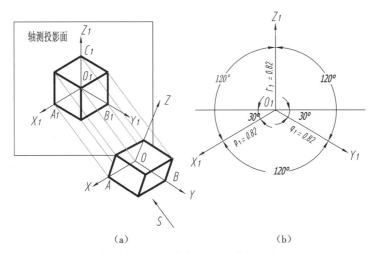

（a）　　　　　　　　　　（b）

图 8-53　正等轴测图的形成及参数

2. 参数

如图 8-53 所示，正等测图的轴间角均为 120°，且三个轴向伸缩系数相等。经推证并计算可知 $p_1 = q_1 = r_1 = 0.82$。

为作图简便，实际画正等测图时可采用 $p_1 = q_1 = r_1 = 1$ 的简化伸缩系数画图，即沿各轴向的所有尺寸都按物体的实际长度画图。

> **注：**
> 按简化伸缩系数画出的图形是实际物体的 1/0.82≈1.22 倍。

五、斜二等轴测图

1. 形成方法

如图 8-54（a）所示，使物体的 XOZ 坐标面对轴测投影面处于平行的位置，采用平行斜投影法也能得到具有立体感的轴测图，这样所得到的轴测投影就是斜二测等测轴测图，简称斜二测图。

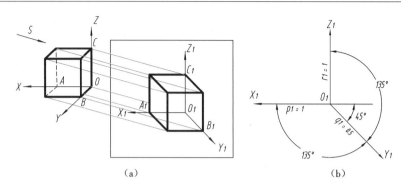

图 8-54　斜二测图的形成及参数

2. 参数

图 8-54(b)表示斜二测图的轴测轴、轴间角和轴向伸缩系数等参数及画法。从图中可以看出,在斜二测图中,$O_1X_1 \perp O_1Z_1$ 轴,O_1Y_1 与 O_1X_1、O_1Z_1 的夹角均为 $135°$,三个轴向伸缩系数分别为 $p_1 = r_1 = 1$,$q_1 = 0.5$。

六、轴测图绘制

轴测投影同样具有平行投影的性质。

(1)物体上互相平行的线段,在轴测图中仍互相平行;物体上平行于坐标轴的线段,在轴测图中仍平行于相应的轴测轴,且同一轴向所有线段的轴向伸缩系数相同。

(2)物体上不平行于坐标轴的线段,可以用坐标法确定其两个端点然后连线画出。

(3)物体上不平行于轴测投影面的平面图形,在轴测图中变成原形的类似形。如长方形的轴测投影为平行四边形,圆的轴测投影为椭圆等。

1. 正等测图的绘制

1)长方体的正等测图

分析:根据长方体的特点,选择其中一个角顶点作为空间直角坐标系的原点,并以过该角顶点的三条棱线为坐标轴。先画出轴测轴,然后用各顶点的坐标分别定出长方体的八个顶点的轴测投影,依次连接各顶点即可。

作图方法与步骤如图 8-55 所示。

①在正投影图上定出原点和坐标轴的位置。选定右侧后下方的顶点为原点,经过原点的三条棱线为 OX、OY、OZ 轴,如图 8-55(a)所示。

②画出轴测轴 O_1X_1、O_1Y_1、O_1Z_1。

③在 O_1X_1 轴上量取长方体的长度 a,在 O_1Y_1 轴上量取长方体的宽度 b,画出长方体底面的轴测投影,如图 8-55(b)所示。

④过底面各顶点向上作 O_1Z_1 轴的平行线,在各线上量取长方体的高度 h,得到顶面上各点并依次连接,得长方体顶面的轴测投影,如图 8-55(c)所示。

⑤擦去多余的图线并描深,即得到长方体的正等测图,如图 8-55(d)所示。

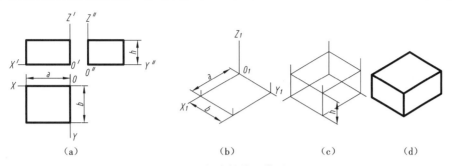

图 8-55　长方体的正等测图

2)正六棱柱的正等测图

分析:由于正六棱柱前后、左右对称,为了减少不必要的作图线,从顶面开始作图比较方便。故选择顶面的中点作为空间直角坐标系的原点,棱柱的轴线作为 OZ 轴,顶面的两条对称线作为 OX、OY 轴。然后用各顶点的坐标分别定出正六棱柱的各个顶点的轴测投影,依次连接各顶点即可。

作图方法与步骤如图 8-56 所示。

①选定直角坐标系,以正六棱柱顶面的中点为原点(坐标系原点可以任定,但应注意对于不同位置原点,底面各顶点的坐标不同),如图 8-56(a)所示。

②画出轴测轴 O_1X_1、O_1Y_1、O_1Z_1。

③在 O_1X_1 轴上量取 O_1M、O_1N,使 $O_1M=OM$、$O_1N=ON$,在 O_1Y_1 轴上以尺寸 b 来确定 A、B、C、D 各点,依次连接六点即得顶面正六边形的轴测投影,如图 8-56(b)所示。

④顶面正六边形各点向下作 O_1Z_1 的平行线,在各线上量取高度 h,得到底面上各点并依次连接,得底面正六边形的轴测投影,如图 8-56(c)所示。

⑤擦去多余的图线并描深,即得到正六棱柱体的正等测图,如图 8-56(d)所示。

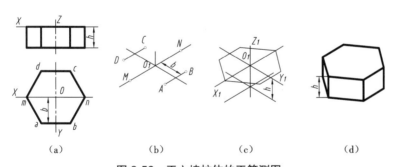

图 8-56　正六棱柱体的正等测图

3)三棱锥的正等测图

分析:由于三棱锥由各种位置的平面组成,作图时可以先定出锥顶和底面的轴测投影,然后连接各棱线即可。

作图方法与步骤如图 8-57 所示。

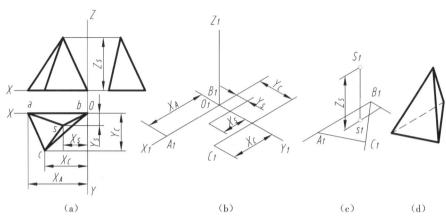

图 8-57　三棱锥的正等测图

①在正投影图上定出原点和坐标轴的位置。考虑到作图方便,把坐标原点选在底面上点 B 处,并使 AB 与 OX 轴重合,如图 8-57(a)所示。

②画出轴测轴 O_1X_1、O_1Y_1、O_1Z_1。

③根据坐标关系画出底面各顶点和锥顶 S_1 在底面的投影 s_1,如图 8-57(b)所示。

④过 s_1 底面向上作 O_1Z_1 的平行线,在线上量取三棱锥的高度 h,得到锥顶 S_1,如图 8-57(c)所示。

⑤依次连接各顶点,擦去多余的图线并描深,即得到三棱锥的正等测图,如图 8-57(d)所示。

> **提示:**
>
> 　1. 画平面立体的轴测图时,首先应选好坐标轴并画出轴测轴;然后根据坐标确定各顶点的位置;最后依次连线,完成整体的轴测图。具体画图时,应分析平面立体的形体特征,一般总是先画出物体上一个主要表面的轴测图。通常是先画顶面,再画底面;有时需要先画前面,再画后面,或者先画左面,再画右面。
>
> 　2. 为使图形清晰,轴测图中一般只画可见的轮廓线,避免用虚线表达。

4)圆的正等测图

平行于坐标面的圆的正等测图都是椭圆,除了长短轴的方向不同外,画法都是一样的,如图 8-58 所示。

作圆的正等测图时,必须弄清椭圆的长短轴的方向。椭圆长轴的方向与菱形的长对角线重合,椭圆短轴的方向垂直于椭圆的长轴,即与菱形的短对角线重合。

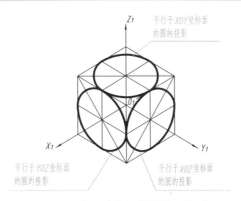

图 8-58　平行于坐标面的圆的正等测图

综上可见,椭圆的长短轴和轴测轴有关,即:

①圆所在平面平行于 XOY 面时,它的轴测投影——椭圆的长轴垂直 O_1Z_1 轴,即成水平位置,短轴平行 O_1Z_1 轴;

②圆所在平面平行于 XOZ 面时,它的轴测投影——椭圆的长轴垂直 O_1Y_1 轴,即向右方倾斜,并与水平线成 60° 角,短轴平行 O_1Y_1 轴;

③圆所在平面平行于 YOZ 面时,它的轴测投影——椭圆的长轴垂直 O_1X_1 轴,即向左方倾斜,并与水平线成 60° 角,短轴平行 O_1X_1 轴。

> **提示:**
>
> 　1. 概括起来就是:平行于坐标面的圆(视图上的圆)的正等测投影是椭圆,椭圆长轴垂直于不包括圆所在坐标面的那根轴测轴,椭圆短轴平行于该轴测轴。
>
> 　2. 作图时,常用四段圆弧代替椭圆,即用"四心法"画椭圆。

下面以平行于 H 面(即 XOY 坐标面)的圆(图 8-59)为例,说明圆的正等测图的画法。

其作图方法与步骤如图 8-60 所示。

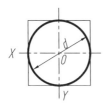

图 8-59　平行于 H 面的圆

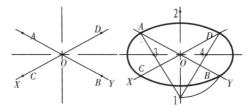

图 8-60　用"四心法"作圆的正等测图

如图 8-60 所示,画出轴测轴 X、Y 以及椭圆长、短轴方向。在 X、Y 上取 $AB=CD=d$,d 为空间圆直径;以 A 为圆心,以 AB 为半径画圆弧,与短轴交于 1 点,再取对称点 2。连接 A 和 1、D 和 1 交长轴于 3、4 点;以 3、4 点为圆心,以 $A3$ 为半径画小圆弧,以 1、2 为圆心,以 $A1$ 为半径画大圆弧,四段圆弧相切于 A、B、C、D 四点。

平行于 V 面(即 XOZ 坐标面)的圆、平行于 W 面(即 YOZ 坐标面)的圆的正等测图的画法都与上面类似，请学习者自己分析。

5）曲面立体的正等测图

曲面立体的圆角相当于四分之一的圆周。因此，圆角的正等测图，正好是近似椭圆的四段圆弧中的一段。

作图时，可简化成如图 8-61 所示的画法，其作图步骤如下：

①在角上分别沿轴向取一段长度等于半径 R 的线段，得 A、A 和 B、B 点，过 A、B 点作相应边的垂线分别交于 O_1 及 O_2。

②以 O_1 及 O_2 为圆心，以 O_1A 及 O_2B 为半径作弧，即为顶面上圆角的轴测图，如图 8-61（b）所示。

③将 O_1 及 O_2 点垂直下移，取 O_3、O_4 点，使 $O_1O_3 = O_2O_4 = h$（板厚）。以 O_3 及 O_4 为圆心，作底面上圆角的轴测图，再作上、下圆弧的公切线，即完成作图，如图 8-61（c）所示。

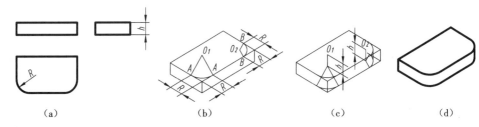

（a）　　　　　　　　（b）　　　　　　　　（c）　　　　　　　　（d）

图 8-61 　圆角的正等测图二、轴测图的形成原理

提示：
　　在画曲面立体的正等测图时，一定要明确圆所在平面与哪一个坐标面平行，才能确保画出的椭圆正确。画同轴并且相等的椭圆时，要善于应用移心法以简化作图和保持图面的清晰。

画组合体轴测图，常用堆叠法、挖切法、综合法作图。对于堆叠式的组合体，可按各基本形体逐一画出其轴测图，称为堆叠法。对于挖切式的组合体，先按完整形体画出，然后用切割的方法画出其不完整的部分，称为挖切法。对于即有堆叠又有挖切的组合体，可综合采用上述两种方法作图，称为综合法。

如图 8-62（a）所示，求作相交两圆柱的正等测图。

分析：画两相交圆柱体的正等测图，除了应注意各圆柱的圆所处的坐标面，掌握正等测图中椭圆的长短轴方向外，还要注意轴测图中相贯线的画法。作图时可以运用辅助平面法，即用若干辅助截平面来切这两个圆柱，使每个平面与两圆柱相交于素线或圆周，则这些素线或圆周彼此相应的交点，就是所求相贯线上各点的轴测投影。

作图方法和步骤如图 8-62 所示。

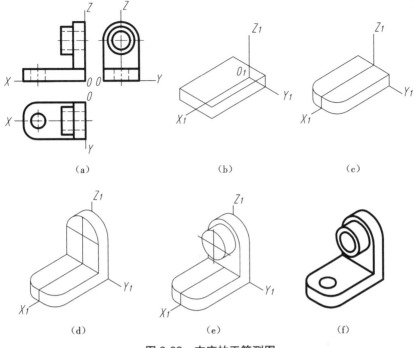

（a）　　　　　　　（b）　　　　　　　（c）

（d）　　　　　　　（e）　　　　　　　（f）

图 8-62　支座的正等测图

2. 斜二轴测图的绘制

1）斜二测图的画法

斜二测图的画法与正等测图的画法基本相似，区别在于轴间角不同以及斜二测图沿 O_1Y_1 轴的尺寸只取实长的一半。在斜二测图中，物体上平行于 XOZ 坐标面的直线和平面图形均反映实长和实形，所以当物体上有较多的圆或曲线平行于 XOZ 坐标面时，采用斜二测图比较方便。如图 8-63 所示。

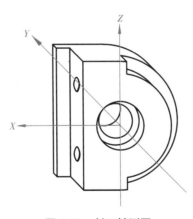

图 8-63　斜二轴测图

笔记

2)四棱台的斜二测图

作图方法与步骤如图 8-64 所示。

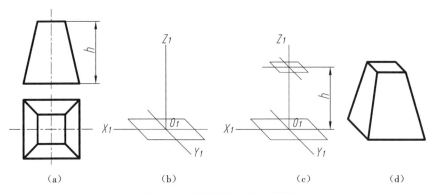

　　(a)　　　　　　(b)　　　　　　(c)　　　　　　(d)

图 8-64　正四棱台的斜二测图

①画出轴测轴 O_1X_1、O_1Y_1、O_1Z_1。

②作出底面的轴测投影：O_1X_1 轴上按 1∶1 截取，O_1Y_1 轴上按 1∶2 截取，如图 8-64(b)所示。

③在 O_1Z_1 轴上量取正四棱台的高度 h，作出顶面的轴测投影，如图 8-64(c)所示。

④依次连接顶面与底面对应的各点得侧面的轴测投影，擦去多余的图线并描深，即得到正四棱台的斜二测图，如图 8-64(d)所示。

3)圆台的斜二测图

作图方法与步骤如图 8-65 所示。

①画出轴测轴 O_1X_1、O_1Y_1、O_1Z_1，在 O_1Y_1 轴上量取 $L/2$，定出前端面的圆心 A，如图 8-65(b)所示。

②作出前、后端面的轴测投影，如图 8-65(c)所示。

③作出两端面圆的公切线及前孔口和后孔口的可见部分。

④擦去多余的图线并描深，即得到圆台的斜二测图，如图 8-65(d)所示。

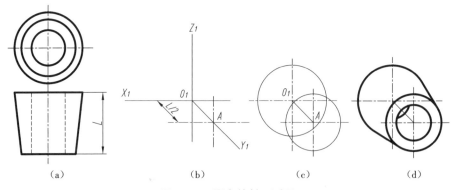

　　(a)　　　　　　(b)　　　　　　(c)　　　　　　(d)

图 8-65　圆台的斜二测图

提示：

1. 只有平行于 *XOZ* 坐标面的圆的斜二测投影才反映实形，仍然是圆。

2. 平行于 *XOY* 坐标面和平行于 *YOZ* 坐标面的圆的斜二测投影都是椭圆，其画法比较复杂，在此不作介绍。

思考题

1. 什么是焊接件、焊接图？

2. 焊缝有几种表达方式？如何表达焊缝的端面？

3. 什么时候允许省略基准线的虚线？

4. 举例说明什么是焊缝的箭头侧和非箭头侧？箭头线与焊缝接头的相对位置不同，标注时应注意什么？

5. 零件图与焊接图有何不同？

附录A　螺　纹

附表 A.1　普通螺纹直径与螺距系列(GB/T 193—2003)、基本尺寸(GB/T 196—2003)摘编

单位:mm

公称直径 D、d		螺距 P		粗牙中径 D_2、d_2	粗牙小径 D_1、d_1
第一系列	第二系列	粗 牙	细 牙		
3		0.5	0.35	2.675	2.459
	3.5	(0.6)		3.110	2.850
4		0.7	0.5	3.545	3.242
	4.5	(0.75)		4.013	3.688
5		0.8		4.480	4.134
6		1	0.75,(0.5)	5.350	4.917
8		1.25	1,0.75,(0.5)	7.188	6.647
10		1.5	1.25,1,0.75,(0.5)	9.026	8.376
12		1.75	1.5,1.25,1,(0.75),(0.5)	10.863	10.106
	14	2	1.5,(1.25)*,1,(0.75),(0.5)	12.701	11.835
16		2	1.5,1,(0.75),(0.5)	14.701	13.835
	18	2.5	2,1.5,1,(0.75),(0.5)	16.376	15.294
20		2.5		18.376	17.294
	22	2.5	2,1.5,1,(0.75),(0.5)	20.376	19.294
24		3	2,1.5,1,(0.75)	22.051	20.752
	27	3	2,1.5,1,(0.75)	25.051	23.752
30		3.5	(3),2,1.5,1,(0.75)	27.727	26.211
	33	3.5	(3),2,1.5,1,(0.75)	30.727	29.211
36		4	3, 2, 1.5,(1)	33.402	31.670
	39	4		36.402	34.670
42		4.5	(4),3,2,1.5,(1)	39.077	37.129
	45	4.5		42.077	40.129
48		5		44.752	42.587
	52	5		48.752	46.587

续表

公称直径 D、d		螺距 P		粗牙中径 D_2、d_2	粗牙小径 D_1、d_1
第一系列	第二系列	粗牙	细牙		
56		5.5		52.428	50.046
	60	5.5	4,3,2,1.5,（1）	56.428	54.046
64		6		60.103	57.505
	68	6		64.103	61.505

注:1. 优先选用第一系列,括号内尺寸尽可能不用,第三系列未列入。

2. *M14×1.25 仅用于火花塞。

附表 A.2　55° 密封管螺纹

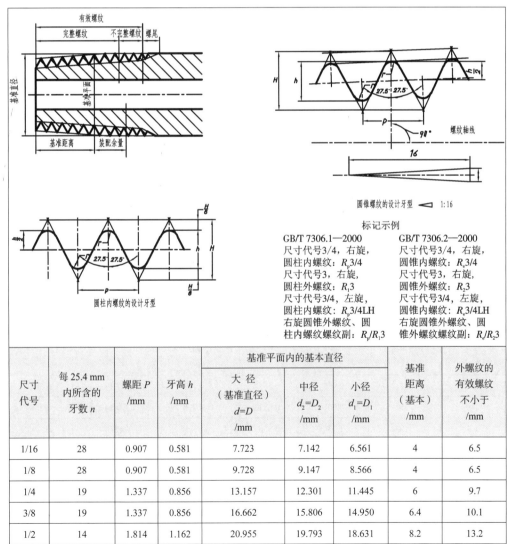

尺寸代号	每25.4 mm内所含的牙数 n	螺距 P /mm	牙高 h /mm	基准平面内的基本直径			基准距离（基本） /mm	外螺纹的有效螺纹不小于 /mm
				大径（基准直径）$d=D$ /mm	中径 $d_2=D_2$ /mm	小径 $d_1=D_1$ /mm		
1/16	28	0.907	0.581	7.723	7.142	6.561	4	6.5
1/8	28	0.907	0.581	9.728	9.147	8.566	4	6.5
1/4	19	1.337	0.856	13.157	12.301	11.445	6	9.7
3/8	19	1.337	0.856	16.662	15.806	14.950	6.4	10.1
1/2	14	1.814	1.162	20.955	19.793	18.631	8.2	13.2

续表

尺寸代号	每 25.4 mm 内所含的牙数 n	螺距 P /mm	牙高 h /mm	基准平面内的基本直径			基准距离(基本) /mm	外螺纹的有效螺纹不小于 /mm
				大径(基准直径) d=D /mm	中径 $d_2=D_2$ /mm	小径 $d_1=D_1$ /mm		
3/4	14	1.814	1.162	26.441	25.279	24.117	9.5	14.5
1	11	2.309	1.479	33.249	31.770	30.291	10.4	16.8
11/4	11	2.309	1.479	41.910	40.431	38.952	12.7	19.1
11/2	11	2.309	1.479	47.803	46.324	44.845	12.7	19.1
2	11	2.309	1.479	59.614	58.135	56.656	15.9	23.4
21/2	11	2.309	1.479	75.184	73.705	72.226	17.5	26.7
3	11	2.309	1.479	87.884	86.405	84.926	20.6	29.8
4	11	2.309	1.479	113.030	111.551	110.072	25.4	35.8
5	11	2.309	1.479	138.430	136.951	135.472	28.6	40.1
6	11	2.309	1.479	163.830	162.351	160.872	28.6	40.1

附表 A.3　55° 非密封管螺纹(GB/T 7307—2001)摘编

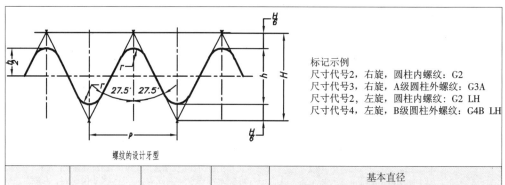

标记示例
尺寸代号2,右旋,圆柱内螺纹：G2
尺寸代号3,右旋,A级圆柱外螺纹：G3A
尺寸代号2,左旋,圆柱内螺纹：G2 LH
尺寸代号4,左旋,B级圆柱外螺纹：G4B LH

螺纹的设计牙型

尺寸代号	每 25.4 mm 内所含的牙数 n	螺距 P /mm	牙高 h /mm	基本直径		
				大径(基准直径) d=D /mm	中径 $d_2=D_2$ /mm	小径 $d_1=D_1$ /mm
1/16	28	0.907	0.581	7.723	7.142	6.561
1/8	28	0.907	0.581	9.728	9.147	8.566
1/4	19	1.337	0.856	13.157	12.301	11.445
3/8	19	1.337	0.856	16.662	15.806	14.950
1/2	14	1.814	1.162	20.955	19.793	18.631
3/4	14	1.814	1.162	26.441	25.279	24.117
1	11	2.309	1.479	33.249	31.770	30.291
11/4	11	2.309	1.479	41.910	40.431	38.952

续表

尺寸代号	每 25.4 mm 内所含的牙数 n	螺距 P /mm	牙高 h /mm	基本直径		
				大径（基准直径）$d=D$ /mm	中径 $d_2=D_2$ /mm	小径 $d_1=D_1$ /mm
11/2	11	2.309	1.479	47.803	46.324	44.845
2	11	2.309	1.479	59.614	58.135	56.656
21/2	11	2.309	1.479	75.184	73.705	72.226
3	11	2.309	1.479	87.884	86.405	84.926
4	11	2.309	1.479	113.030	111.551	110.072
5	11	2.309	1.479	138.430	136.951	135.472
6	11	2.309	1.479	163.830	162.351	160.872

附表 A.4　梯形螺纹基本尺寸（摘自 GB/T 5796.3—1986）

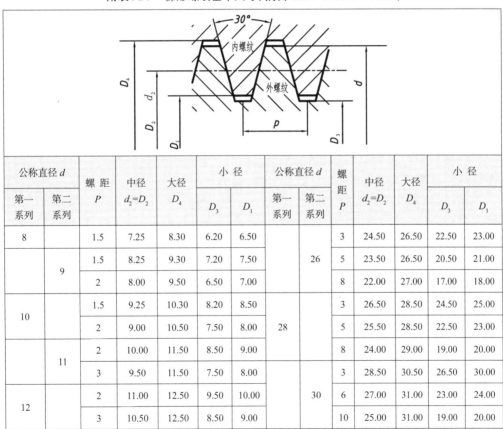

公称直径 d		螺距 P	中径 $d_2=D_2$	大径 D_4	小径		公称直径 d		螺距 P	中径 $d_2=D_2$	大径 D_4	小径	
第一系列	第二系列				D_3	D_1	第一系列	第二系列				D_3	D_1
8		1.5	7.25	8.30	6.20	6.50		26	3	24.50	26.50	22.50	23.00
	9	1.5	8.25	9.30	7.20	7.50			5	23.50	26.50	20.50	21.00
		2	8.00	9.50	6.50	7.00			8	22.00	27.00	17.00	18.00
10		1.5	9.25	10.30	8.20	8.50	28		3	26.50	28.50	24.50	25.00
		2	9.00	10.50	7.50	8.00			5	25.50	28.50	22.50	23.00
	11	2	10.00	11.50	8.50	9.00			8	24.00	29.00	19.00	20.00
		3	9.50	11.50	7.50	8.00			3	28.50	30.50	26.50	30.00
12		2	11.00	12.50	9.50	10.00	30		6	27.00	31.00	23.00	24.00
		3	10.50	12.50	8.50	9.00			10	25.00	31.00	19.00	20.00

续表

公称直径 d		螺距 P	中径 $d_2=D_2$	大径 D_4	小 径		公称直径 d		螺距 P	中径 $d_2=D_2$	大径 D_4	小 径	
第一系列	第二系列				D_3	D_1	第一系列	第二系列				D_3	D_1
	14	2	13.00	14.50	11.50	12.00	32		3	30.50	32.50	28.50	29.00
		3	12.50	14.50	10.50	11.00			6	29.00	33.00	25.00	26.00
16		2	15.00	16.50	13.50	14.00			10	27.00	33.00	21.00	22.00
		4	14.00	16.50	11.50	12.00		34	3	32.50	34.50	30.50	31.00
	18	2	17.00	18.50	15.50	16.00			6	31.00	35.00	27.00	28.00
		4	16.00	18.50	13.50	14.00			10	29.00	35.00	23.00	24.00
20		2	19.00	20.50	17.50	18.00	36		3	34.50	36.50	32.50	31.00
		4	18.00	20.50	15.50	16.00			6	33.00	37.00	29.00	30.00
	22	3	20.50	22.50	18.50	19.00			10	31.00	37.00	25.00	26.00
		5	19.50	22.50	16.50	17.00		38	3	36.50	38.50	34.50	35.00
		8	18.00	23.00	13.00	14.00			7	34.50	39.00	30.00	31.00
24		3	22.50	24.50	20.50	21.00			10	33.00	39.00	27.00	28.00
		5	21.50	24.50	18.50	19.00	40		3	38.50	40.50	36.50	37.50
									7	36.50	41.00	32.00	33.00
		8	20.00	25.00	15.00	16.00			10	35.00	41.00	29.00	30.00

附录 B 螺纹紧固件

附表 B.1 六角头螺栓(GB/T 5782—2000)摘编

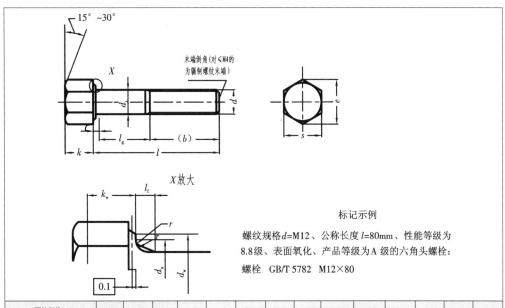

标记示例

螺纹规格 d=M12、公称长度 l=80mm、性能等级为 8.8级、表面氧化、产品等级为 A 级的六角头螺栓：

螺栓 GB/T 5782 M12×80

螺纹规格 d			M3	M4	M5	M6	M8	M10	M12	M16	M20	M24	30	36	M42	M48
螺距 P			0.5	0.7	0.8	1	1.25	1.5	1.75	2	2.5	3	3.5	4	4.5	5
$b_{参考}$	$l_{公称}\leqslant 125$		12	14	16	18	22	26	30	38	46	54	66	—	—	—
	$125<l_{公称}\leqslant 200$		18	20	22	24	28	32	36	44	52	60	72	84	96	108
	$l_{公称}\geqslant 200$		31	33	35	37	41	45	49	57	65	73	85	97	109	121
c	max		0.4	0.4	0.5	0.5	0.6	0.6	0.60	0.8	0.8	0.8	0.8	0.8	1.0	1.0
	min		0.15	0.15	0.15	0.15	0.15	0.15	0.15	0.2	0.2	0.2	0.2	0.2	0.3	0.3
d_a	max		3.6	4.7	5.7	6.8	9.2	11.2	13.7	17.7	22.4	26.4	33.4	39.4	45.6	52.6
d_s	公称 =max		3.00	4.00	5.00	6.00	8.00	10.00	12.00	16.00	20.00	24.00	30.00	36.00	42.00	48.00
	min	产品等级 A	2.86	3.82	4.82	5.82	7.78	9.78	11.73	15.73	19.67	23.67	—	—	—	—
		产品等级 B	2.75	3.70	4.70	5.70	7.64	9.64	11.57	15.57	19.48	23.48	29.48	35.48	41.48	47.38
d_w	min	产品等级 A	4.57	5.88	6.88	8.88	11.63	14.63	16.63	22.49	28.19	33.61	—	—	—	—
		产品等级 B	4.45	5.74	6.74	8.74	11.47	14.47	16.47	22	27.7	33.25	42.75	51.11	59.95	69.45
e	min	产品等级 A	6.01	7.66	8.79	11.05	14.38	17.77	20.03	26.75	33.53	39.98	—	—	—	—
		产品等级 B	5.88	7.50	8.63	10.89	14.20	17.59	19.85	26.17	32.95	39.55	50.85	60.79	71.3	82.6

螺纹规格 d			M3	M4	M5	M6	M8	M10	M12	M16	M20	M24	30	36	M42	M48
l_f max			1	1.2	1.2	1.4	2	2	3	3	4	4	6	6	8	10
k	公称		2	2.8	3.5	4	5.3	6.4	7.5	10	12.5	15	18.7	22.5	26	30
	产品等级 A	max	2.15	2.925	3.65	4.15	5.45	6.58	7.68	10.18	12.715	15.215	—	—	—	—
		min	1.875	2.675	3.35	3.85	5.15	6.22	7.32	9.82	12.285	14.785	—	—	—	—
	产品等级 B	max	2.2	3.0	3.26	4.24	5.54	6.69	7.79	10.29	12.85	15.35	19.12	22.92	26.42	30.42
		min	1.8	2.6	2.35	3.76	5.06	6.11	7.21	9.71	12.15	14.65	18.28	22.08	25.58	29.58
k_w min	产品等级 A		1.31	1.87	2.35	2.70	3.61	4.35	5.12	6.87	8.6	10.35	—	—	—	—
	产品等级 B		1.26	1.28	2.28	2.63	3.54	4.28	5.05	6.8	8.51	10.26	12.8	15.46	17.91	20.71
r min			0.1	0.2	0.2	0.25	0.4	0.4	0.6	0.6	0.8	0.8	1	1	1.2	1.6
s	公称 =max		5.50	7.00	8.00	10.00	13.00	16.00	18.00	24.00	30.00	36.00	46	55.0	65.0	75.0
	产品等级 A	min	5.32	6.78	7.78	9.78	12.73	15.73	17.73	23.67	29.67	35.38	—	—	—	—
	产品等级 B	min	5.20	6.64	7.64	9.64	12.57	15.57	17.57	23.16	29.16	35.00	45	53.8	63.1	73.1
l(商品规格范围)			20~30	25~40	25~40	30~60	40~80	45~100	50~120	65~160	80~200	90~240	110~300	140~360	160~440	180~480
l(系列)			20, 25, 30, 35, 40, 45, 50, 60, 65, 70, 80, 90, 100, 110, 120, 130, 140, 150, 160, 180, 200, 220, 240, 260, 280, 300, 320, 340, 360, 380, 400, 420, 440, 460, 480													

表 B.2 双头螺栓

$b_m=1d$ (GB/T 897—1988)　　　　$b_m=1.25d$ (GB/T 898—1988)

$b_m=1.5d$ (GB/T 898—1988)　　　　$b_m=2d$ (GB/T 898—1988) 摘编

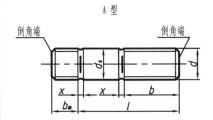
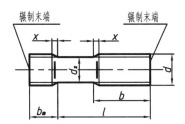

末端按 GB/T 2—1985 的规定；$d_s \approx$ 螺纹中径（仅适用于 B 型）

标 记 示 例

两端均为粗牙普通螺纹，$d=10$ mm、$l=50$ mm、性能等级为4.8级、不经表面处理、B 型、$b_m=1d$ 的双头螺柱：

螺柱 GB/T 897 M10×50

旋入机件一端为粗牙普通螺纹，旋螺母一端为螺距 $P=1$ mm 的细牙普通螺纹，$d=10$ mm、$l=50$ mm，性能等级为4.8级、不经表面处理，A 型、$b_m=1d$ 的双头螺柱：螺柱 GB/T 897　AM10 —M10×1×50

单位:mm

螺纹规格 d	b_m（公称）				l/b
	GB/T 897 —1988	GB/T 898 —1988	GB/T 899 —1988	GB/T 900 —1988	
M2			3	4	12~16/6、20~25/10
M2.5			3.5	5	16/8、20~30/11
M3			4.5	6	16~20/6、25~40/12
M4			6	8	16~20/8、25~40/14
M5	5	6	8	10	16~20/10、25~50/16
M6	6	8	10	12	20/10、25~30/14、35~70/18
M8	8	10	12	16	20/12、25~30/16、35~90/22
M10	10	12	15	20	25/14、30~35/16、40~120/30、130/32
M12	12	15	18	24	25~30/16、35~40/20、45~120/30、130~180/36
M16	16	20	24	32	30~35/20、40~50/30、60~120/38、130~200/44
M20	20	25	30	40	35~40/25、45~60/35、70~120/46、130~200/52
M24	24	30	36	48	45~50/30、60~70/45、80~120/54、130~200/60
M30	30	38	45	60	60/40、70~90/50、100~120/66、130~200/72、210~250/85
M36	36	45	54	72	70/45、80~110/60、120/78、130~200/84、210~300/109
M42	42	52	63	84	70~80/50、90~110/70、120/90、130~200/96、210~300/109
M48	48	60	72	96	80~90/60、100~110/80、120/102、130200/108、210~300/121
l（系列）	12、16、20、25、30、35、40、45、50、60、70、80、90、100、110、120、130、140、150、160、170、180、190、200、210、220、230、240、250、260、280、300				

表 B.3　1 型六角螺母（GB/T 6170—2000）摘编

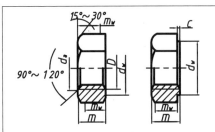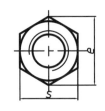

标记示例

螺纹规格 D=M12、性能等级为 8 级、
不经表面处理、产品等级为 A 级的
1 型六角螺母：螺母 GB/T 6170 M12

垫圈面型，应在订单中注明

螺纹规格 D		M1.6	M2	M2.5	M3	M4	M5	M6	M8	M10	M12
螺距 P		0.35	0.4	0.45	0.5	0.7	0.8	1	1.25	1.5	1.75
c	max	0.2	0.2	0.3	0.4	0.4	0.5	0.5	0.6	0.6	0.6
d_a	max	1.84	2.3	2.9	3.45	4.6	5.75	6.75	8.75	10.8	13
	min	1.60	2.0	2.5	3.00	4.0	5.00	6.00	8.00	10.0	12
d_w	min	2.4	3.1	4.1	4.6	5.9	6.9	8.9	11.6	14.6	16.6
e	min	3.41	4.32	5.45	6.01	7.66	8.79	11.05	14.38	17.77	20.03
m	max	1.30	1.60	2.00	2.40	3.2	4.7	5.2	6.80	8.40	10.80
	min	1.05	1.35	1.75	2.15	2.9	4.4	4.9	6.44	8.04	10.37
m_w	min	0.8	1.1	1.4	1.7	2.3	3.5	3.9	5.2	6.4	8.3
s	公称 =max	3.20	4.00	5.00	5.50	7.00	8.00	10.00	13.00	16.00	18.00
	min	3.02	3.82	4.82	5.32	6.78	7.78	9.78	12.73	15.73	17.73

螺纹规格 D		M16	M20	M24	M30	M36	M42	M48	M56	M64
螺距 P		2	2.5	3	3.5	4	4.5	5	5.5	6
c	max	0.8	0.8	0.8	0.8	0.8	1.0	1.0	1.0	1.0
d_a	max	17.3	21.6	25.9	32.4	38.9	45.4	51.8	60.5	69.1
	min	16.0	20.0	24.0	30.0	36.0	42.0	48.0	56.0	64.0
d_w	min	22.5	27.7	33.3	42.8	51.1	60	69.5	78.7	88.2
e	min	26.75	32.95	39.55	50.85	60.79	72.02	82.6	93.56	104.86
m	max	14.8	18.0	21.5	25.6	31.0	34.0	38.0	45.0	51.0
	min	14.1	16.9	20.2	224.3	29.4	32.4	36.4	43.4	49.1
m_w	min	11.3	13.5	16.2	19.4	23.5	25.9	29.1	34.7	39.3
s	公称 =max	24.00	30.00	36	46	55.0	65.0	75.0	85.0	95.0
	min	23.67	29.16	35	45	53.8	63.1	73.1	82.8	92.8

注：1. A 级用于 $D \le 16$ mm 的螺母，B 级用于 $D>16$ mm 的螺母，本表仅按优选的螺纹规格列出。

2. 螺纹规格为 M8~M64、细牙、A 级和 B 级的 1 型六角螺母，请查阅 GB/T 6171—2000。

附表 B.4　1 型六角开槽螺母——A 级和 B 级（摘自 GB/T 6178—1986）

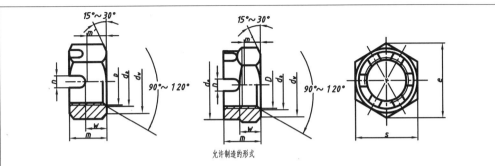

允许制造的形式

标记示例

螺纹规格 D=M12，性能等级为 8 级、表面氧化、A 级的 1 型六角

开槽螺母：螺母 GB/T 6178 M12

单位：mm

螺纹规格 D		M4	M5	M6	M8	M10	M12	M16	M20	M24	M30	M36
d_d	max	4.6	5.75	6.75	8.75	10.8	13	17.3	21.6	25.9	32.4	38.9
	min	4	5	6	8	10	12	16	20	24	30	36
d_e	max	—	—	—	—	—	—	—	28	34	42	50
	min	—	—	—	—	—	—	—	27.16	33	41	49
d_d	min	5.9	6.9	8.9	11.6	14.6	16.6	22.5	27.7	33.2	42.7	51.1
e	min	7.66	8.79	11.05	14.38	17.77	20.03	26.75	32.95	39.55	50.85	60.79
m	max	5	6.7	7.7	9.8	12.4	15.8	20.8	24	29.5	34.6	40
	min	4.7	6.34	7.34	9.44	11.97	15.37	20.28	23.16	28.66	33.6	39
m'	min	2.32	3.52	3.92	5.15	6.43	8.3	11.28	13.52	16.16	19.44	23.52
n	min	1.2	1.4	2	2.5	2.8	3.5	4.5	4.5	5.5	7	7
	max	1.8	2	2.6	3.1	3.4	4.25	5.7	5.7	6.7	8.5	8.5
s	max	7	8	10	13	16	18	24	30	36	46	55
	min	6.78	7.78	9.78	12.73	15.73	17.73	23.67	29.16	35	45	53.8
w	max	3.2	4.7	5.2	6.8	8.4	10.8	14.8	18	21.5	25.6	31
	min	2.9	4.4	4.9	6.44	8.04	10.37	14.37	17.3	20.66	24.76	30
开口销		1×10	1.2×12	1.6×14	2×16	2.5×20	3.2×22	4×28	4×36	5×40	6.3×50	6.3×63

注：A 级用于 D≤16 mm 的螺母；B 级用于 D>16 mm 的螺母。

附表 B.5　小垫圈——A 级（GB/T 848—1985）、平垫圈——A 级（GB/T 97.1—1985）、平垫圈　倒角型——A 级（GB/T 97.2—1985）、大垫圈——A 级（GB/T 96—1985）

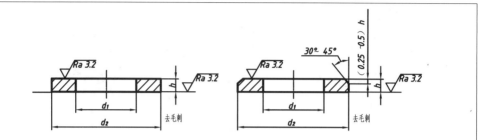

标 记 示 例

标准系列、规格 8 mm、性能等级为 140HV 级、不经表面处理的平垫圈：

垫圈　GB/T 97.1 8

规格（螺纹大径）			3	4	5	6	8	10	12	14	16	20	24	30	36
内径 d_1	公称（min）	GB/T 848—1985	3.2	4.3	5.3	6.4	8.4	10.5	13	15	17	21	25	31	37
		GB/T 97.1—1985													
		GB/T 97.2—1985	—	—											
		GB/T 96-1985	3.2	4.3								22	26	33	39
	max	GB/T 848—1985	3.38	4.48	5.48	6.62	8.62	10.77	13.27	15.27	17.27	21.33	25.33	31.39	37.62
		GB/T 97.1—1985													
		GB/T 97.2—1985	—	—											
		GB/T 96—1985	3.38	4.48											
内径 d_2	公称（max）	GB/T 848—1985	6	8	9	11	15	18	20	24	28	34	39	50	60
		GB/T 97.1—1985	7	9	10	12	16	20	24	28	30	37	44	56	66
		GB/T 97.2—1985	—	—											
		GB/T 96—1985	9	12	15	18	24	30	37	44	50	60	72	92	110

规格（螺纹大径）			3	4	5	6	8	10	12	14	16	20	24	30	36
内径 d_2	min	GB/T 848—1985	5.7	7.64	8.64	10.57	14.57	17.57	19.48	23.48	27.48	33.38	38.38	49.38	58.8
		GB/T 97.1—1985	6.64	8.64	9.64	11.57	15.57	19.48	23.48	27.48	29.48	36.38	43.38	55.26	64.8
		GB/T 97.2—1985	—	—											
		GB/T 96—1985	8.64	11.57	14.57	17.57	23.48	29.48	36.38	43.38	49.38	58.1	70.1	89.8	107.8
厚度 h	公称	GB/T 848—1985	0.5	0.5	1	1.6	1.6	1.6	2	2.5	2.5	3	4	4	5
		GB/T 97.1—1985		0.8				2	2.5		3				
		GB/T 97.2—1985	—	—											
		GB/T 96—1985	0.8	1	1.2	1.6	2	2.5	3	3	3	4	5	6	8
	max	GB/T 848—1985	0.55	0.55	1.1	1.8	1.8	1.8	2.2	2.7	2.7	3.3	4.3	4.3	5.6
		GB/T 97.1—1985		0.9				2.2	2.7		3.3				
		GB/T 97.2—1985	—	—											
		GB/T 96—1985	0.9	1.1	1.4	1.8	2.2	2.7	3.3	3.3	3.3	4.6	6	7	9.2
	min	GB/T 848—1985	0.45	0.45	0.9	1.4	1.4	1.4	1.8	2.3	2.3	2.7	3.7	3.7	4.4
		GB/T 97.1—1985		0.7				1.8	2.3		2.7				
		GB/T 97.2—1985	—	—											
		GB/T 96-1985	0.7	0.9	1	1.4	1.8	2.3	2.7	2.7	2.7	3.4	4	5	6.8

附表 B.6　标准型弹簧垫圈（ GB/T93—1987 ）、轻型弹簧垫圈（ GB/T859—1987)摘编

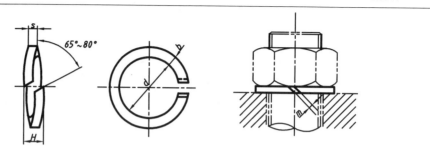

标记示例

规格16 mm、材料为65Mn、表面氧化的标准型弹簧垫圈：垫圈　GB/T 93　16
规格16 mm、材料为65Mn、表面氧化的轻型弹簧垫圈：垫圈　GB/T 859　16

单位：mm

规格螺纹（大径）			2	2.5	3	4	5	6	8	10	12	16	20	24	30	36	42	48
d	min		2.1	2.6	3.1	4.1	5.1	6.1	8.1	10.2	12.2	16.2	20.2	24.5	30.5	36.5	42.5	48.5
	max		2.35	2.85	3.4	4.4	5.4	6.68	8.68	10.9	12.9	16.9	21.04	25.5	31.5	37.7	43.7	49.7
$s(b)$ 公称	GB/T 93—1987		0.5	0.65	0.8	1.1	1.3	1.6	2.1	2.6	3.1	4.1	5	6	7.5	9	10.5	12
s 公称	GB/T 859—1987		—	—	0.6	0.8	1.1	1.3	1.6	2	2.5	3.2	4	5	6	—	—	—
b 公称			—	—	1	1.2	1.5	2	2.5	3	3.5	4.5	5.5	7	9	—	—	—
H	GB/T 93—1987	min	1	1.3	1.6	2.2	2.6	3.2	4.2	5.2	6.2	8.2	10	12	15	18	21	24
		max	1.25	1.63	2	2.75	3.25	4	5.25	6.5	7.75	10.25	12.5	15	18.75	22.5	26.25	30
	GB/T 859—1987	min	—	—	1.2	1.6	2.2	2.6	3.2	4	5	6.4	8	10	12	—	—	—
		max	—	—	1.5	2	2.75	3.25	4	5	6.25	8	10	12.5	15	—	—	—
$m \leqslant$	GB/T93—1987		0.25	0.33	0.4	0.55	0.65	0.8	1.05	1.3	1.55	2.05	2.5	3	3.75	4.5	5.25	6
	GB/T859—1987		—	—	0.3	0.4	0.55	0.65	0.8	1	1.25	1.6	2	2.5	3	—	—	—

注：m 应大于零。

附表 B.7 开槽圆柱头螺钉(GB/T 65—2000)、开槽盘头螺钉(GB/T 67—2000)摘编

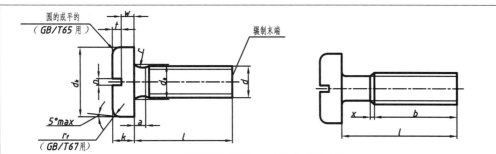

无螺纹部分杆径 ≈ 中径或 = 螺纹大径

标记示例

螺纹规格 d=M5 、公称长度 l=20 mm 、性能等级为 4.8 级、不经表面处理的 A 级开槽圆柱头螺钉：

螺钉 GB/T65 M5×20

螺纹规格 d=M5 、公称长度 l=20 mm 、性能等级为 4.8 级、不经表面处理的 A 级开槽盘头螺钉：

螺钉 GB/T67 M5×20

单位：mm

螺纹规格 d		M1.6	M2	M2.5	M3	M4		M5		M6		M8		M10	
类别		GB/T 67—2000				GB/T65 —2000	GB/T67 —2000	GB/T65 —2000	GB/T67 —2000	GB/T65 —2000	GB/T67 —2000	GB/T65 —2000	GB/T67 —2000	GB/T65 —2000	GB/B67 —2000
螺距 P		0.35	0.4	0.45	0.5	0.7		0.8		1		1.25		1.5	
a max		0.7	0.8	0.9	1	1.4		1.6		2		2.5		3	
b min		25	25	25	25	38		38		38		38		38	
d_k	max	3.2	4.0	5.0	5.6	7.00	8.00	8.50	9.50	10.00	12.00	13.00	16.00	16.00	20.00
	min	2.9	3.7	4.7	5.3	6.78	7.64	8.28	9.14	9.78	11.57	12.73	15.57	15.73	19.48
d_a max		2	2.6	3.1	3.6	4.7		5.7		6.8		9.2		11.2	
k	max	1.00	1.30	1.50	1.80	2.60	2.40	3.30	3.00	3.9	3.6	5.0	4.8	6.0	
	min	0.86	1.16	1.36	1.66	2.46	2.26	3.12	2.86	3.6	3.3	4.7	4.5	5.7	
n	公称	0.4	0.5	0.6	0.8	1.2		1.2		1.6		2		2.5	
	min	0.46	0.56	0.66	0.86	1.26		1.26		1.66		2.06		2.56	
	max	0.60	0.70	0.80	1.00	1.51		1.51		1.91		2.31		2.81	
r min		0.1	0.1	0.1	0.1	0.2		0.2		0.25		0.4		0.4	
R_f 参考		0.5	0.6	0.8	0.9	1.2		1.5		1.8		2.4		3	
T min		0.35	0.5	0.6	0.7	1.1	1	1.3	1.2	1.6	1.4	2	1.9	2.4	
W min		0.3	0.4	0.5	0.7	1.1	1	1.3	1.2	1.6	1.4	2	1.9	2.4	
x max		0.9	1	1.1	1.25	1.75		2		2.5		3.2		3.8	
l(商品规格范围公称长度)		2~16	2.5~20	3~25	4~30	5~40		6~50		8~60		10~80		12~80	
l(系列)		2 ,2.5,3,4 ,5,6,8,10 ,12,(14),16,20,25,30,40,45,50,(55),60,(65),70,(75), 80													

注：1. 螺纹规格 d=M1.6~M3，公称长度 $l \leqslant 30$ mm 的螺纹，应制出全螺纹；螺纹规格 d=M4~M10，公称长度 $l \leqslant 40$ mm 的
螺钉，应制出全螺纹($b=l-a$)。

2. 尽可能不采用括号内的规格。

附表 B.8　开槽沉头螺钉(GB/T 68—2000)、开槽半沉头螺钉(GB/T 69—2000)摘编

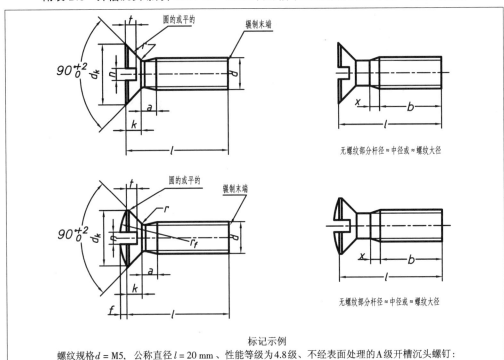

无螺纹部分杆径 ≈ 中径或 ≈ 螺纹大径

无螺纹部分杆径 ≈ 中径或 ≈ 螺纹大径

标记示例

螺纹规格 d = M5, 公称直径 l = 20 mm 、性能等级为4.8级、不经表面处理的A级开槽沉头螺钉:

螺钉 GB/T 68　M5×20

单位:mm

螺纹规格 d			M1.6	M2	M2.5	M3	M4	M5	M6	M8	M10
螺距			0.35	0.4	0.45	0.5	0.7	0.8	1	1.25	1.5
a	max		0.7	0.8	0.9	1	1.4	1.6	2	2.5	3
b	min				25				38		
d_k	理论值	max	3.6	4.4	5.5	6.3	9.4	10.4	12.6	17.3	20
	实际值	公称 =max	3.0	3.8	4.7	5.5	8.40	9.30	11.30	15.80	18.30
		min	2.7	3.5	4.4	5.2	8.04	8.94	10.87	15.37	17.78
k	公称 =max		1	1.2	1.5	1.65	2.7	2.7	3.3	4.65	5
n	公称		0.4	0.5	0.6	0.8	1.2	1.2	1.6	2	2.5
	min		0.46	0.56	0.66	0.86	1.26	1.26	1.66	2.06	2.56
	max		0.60	0.40	0.80	1.00	1.51	1.51	1.91	2.31	1.81
r	max		0.4	0.5	0.6	0.8	1	1.3	1.5	2	2.5
x	max		0.9	1	1.1	1.25	1.75	2	2.5	3.2	3.8
f	≈		0.4	0.5	0.6	0.7	1	1.2	1.4	2	2.3
r_f	≈		3	4	5	6	9.5	9.5	12	16.5	19.5

续表

螺纹规格 d			M1.6	M2	M2.5	M3	M4	M5	M6	M8	M10
t	max	GB/T68—2000	0.50	0.6	0.75	0.85	1.3	1.4	1.6	2.3	2.6
		GB/T69—2000	0.80	1.0	1.2	1.45	1.9	2.4	2.8	3.7	4.4
	max	GB/T68—2000	0.32	0.4	0.50	0.60	1.0	1.1	1.2	1.8	2.0
		GB/T69—2000	0.64	0.8	1.0	1.20	1.6	2.0	2.4	3.2	3.8
l（商品规格范围公称长度）			2.5~16	3~20	4~25	5~30	6~40	8~50	8~60	10~80	12~80
l（系列）			2.5, 3, 4, 5, 6, 8, 10, 12, (14), 16, 20, 25, 30, 35, 40, 45, 50, (55), 60, (65), 70, (75), 80								

注：1. 公称长度 $l \le 30$mm，而螺纹规格 d 在 M1.6~M3 的螺钉，应制出全螺纹；公称长度 $l \le 45$mm，而螺纹规格 d 在 M4~M10 的螺钉也应制出全螺纹 $[b=l-(k+a)]$。

2. 尽可能不采用括号内的规格。

附表 B.9　十字槽盘头螺钉（GB/T 818—2000）、十字槽沉头螺钉（GB/T 819.1—2000）摘编

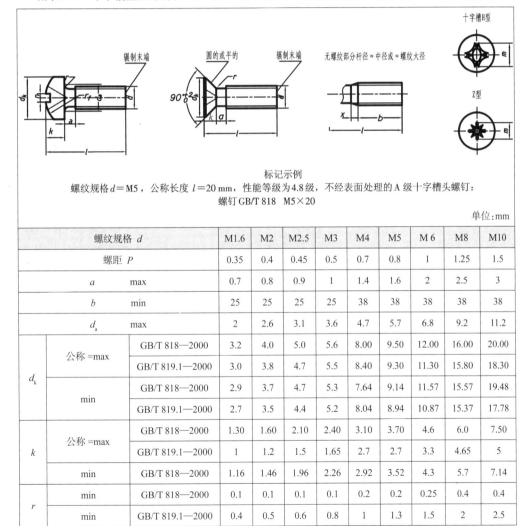

标记示例

螺纹规格 d＝M5，公称长度 l＝20 mm，性能等级为4.8级，不经表面处理的 A 级十字槽头螺钉：

螺钉 GB/T 818　M5×20

单位：mm

螺纹规格 d			M1.6	M2	M2.5	M3	M4	M5	M6	M8	M10
螺距 P			0.35	0.4	0.45	0.5	0.7	0.8	1	1.25	1.5
a	max		0.7	0.8	0.9	1	1.4	1.6	2	2.5	3
b	min		25	25	25	25	38	38	38	38	38
d_a	max		2	2.6	3.1	3.6	4.7	5.7	6.8	9.2	11.2
d_k	公称 =max	GB/T 818—2000	3.2	4.0	5.0	5.6	8.00	9.50	12.00	16.00	20.00
		GB/T 819.1—2000	3.0	3.8	4.7	5.5	8.40	9.30	11.30	15.80	18.30
	min	GB/T 818—2000	2.9	3.7	4.7	5.3	7.64	9.14	11.57	15.57	19.48
		GB/T 819.1—2000	2.7	3.5	4.4	5.2	8.04	8.94	10.87	15.37	17.78
k	公称 =max	GB/T 818—2000	1.30	1.60	2.10	2.40	3.10	3.70	4.6	6.0	7.50
		GB/T 819.1—2000	1	1.2	1.5	1.65	2.7	2.7	3.3	4.65	5
	min	GB/T 818—2000	1.16	1.46	1.96	2.26	2.92	3.52	4.3	5.7	7.14
r	min	GB/T 818—2000	0.1	0.1	0.1	0.1	0.2	0.2	0.25	0.4	0.4
	min	GB/T 819.1—2000	0.4	0.5	0.6	0.8	1	1.3	1.5	2	2.5

			r_f	$\approx$	2.5	3.2	4	5	6.5	8	10	13	16
			x	max	0.9	1	1.1	1.25	1.75	2	2.5	3.2	3.8
			槽号	NO.	0		1		2		3		4
十字槽	H型	M参考		GB/T 818—2000	1.7	1.9	2.7	3	4.4	4.9	6.9	9	10.1
				GB/T 819.1—2000	1.6	1.9	2.9	3.2	4.6	5.2	6.8	8.9	10
		插入深度	max	GB/T 818—2000	0.95	1.2	1.55	1.8	2.4	2.9	3.6	4.6	5.8
				GB/T 819.1—2000	0.9	1.2	1.8	2.1	2.6	3.2	3.5	4.6	5.7
			min	GB/T 818—2000	0.70	0.9	1.15	1.4	1.9	2.4	3.1	4.0	5.2
				GB/T 819.1—2000	0.6	0.9	1.4	1.7	2.1	2.7	3.0	4.0	5.2
	Z型	M参考		GB/T 818—2000	1.6	2.1	2.6	2.8	4.3	4.7	6.7	8.8	9.9
				GB/T 819.1—2000	1.6	1.9	2.8	3	4.4	4.9	6.6	8.8	9.8
		插入深度	max	GB/T 818—2000	0.90	1.42	1.50	1.75	2.34	2.74	3.46	4.50	5.69
				GB/T 819.1—2000	0.95	1.20	1.73	2.01	2.51	3.05	3.45	4.60	5.64
			min	GB/T 818—2000	0.65	1.17	1.25	1.50	1.89	2.29	3.03	4.05	5.24
				GB/T 819.1—2000	0.70	0.95	1.48	1.76	2.06	2.60	3.00	4.15	5.19
l(商品规格范围)					3~16	3~20	3~25	4~30	5~40	6~45	8~60	10~60	12~60
l(系列)					3,4,5,6,8,10,12,(14),16,20,25,30,35,40,45,50,(55),60								

注:1. 公称长度 $l \leqslant 25$ mm(GB/T 819.1—2000,$l \leqslant 30$ mm),而螺纹规格 d 在 M1.6~M3 的螺钉,应制出全螺纹;公称长度 $l<40$mm(GB/T819.1—2000,$l<45$ mm),而螺纹规格 d 在 M4~M10 的螺钉,也要制出全螺纹($b=l-a$)(GB/T 819.1—2000,$b=l-(k+a)$).

2. 尽可能不采用括号内的规格。

3.GB/T 819.1—2000 的尺寸" d_k 理论值 max "未列入。

附表 B.10 内六角圆柱头螺钉(GB/T 70.1—2000)摘编

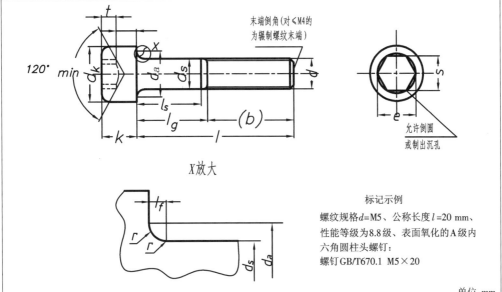

标记示例

螺纹规格 d=M5、公称长度 l=20 mm、性能等级为 8.8 级、表面氧化的 A 级内六角圆柱头螺钉:

螺钉 GB/T670.1 M5×20

单位:mm

螺纹规格 d		M3	M4	M5	M6	M8	M10	M12	M16	M20	M24
螺距 P		0.5	0.7	0.8	1	1.25	1.5	1.75	2	2.5	3
b 参考		18	20	22	24	28	32	36	44	52	60
d_k	max	5.50	7.00	8.50	10.00	13.00	16.00	18.00	24.00	30.00	36.00
	min	5.32	6.78	8.28	9.78	12.73	15.73	17.73	23.67	29.67	35.61
d_a	max	3.6	4.7	5.7	6.8	9.2	11.2	13.7	17.7	22.4	26.4
d_s	max	3.00	4.00	5.00	6.00	8.00	10.0	12.00	16.00	20.00	24.00
	min	2.86	3.82	4.82	5.82	7.78	9.78	11.73	15.73	19.67	23.67
e	min	2.87	3.44	4.58	5.72	6.86	9.15	11.43	16	19.44	21.73
l_f	max	0.51	0.6	0.6	0.68	1.02	1.02	1.45	1.45	2.04	2.04
k	max	3.00	4.00	5.00	6.0	8.00	10.00	12.00	16.00	20.00	24.00
	min	2.86	3.82	4.82	5.7	7.64	9.64	11.57	15.57	19.48	23.48
r	min	0.1	0.2	0.2	0.25	0.4	0.4	0.6	0.6	0.8	0.8
s	公称	2.5	3	4	5	6	8	10	14	17	19
	max	2.58	3.080	4.095	5.140	6.140	8.175	10.175	14.212	17.23	19.275
	min	2.52	3.020	4.020	5.020	6.020	8.025	10.025	14.032	17.05	19.065
t	min	1.3	2	2.5	3	4	5	6	8	10	12
d_w	min	5.07	6.53	8.03	9.38	12.33	15.33	17.23	23.17	28.87	34.81
l(商品规格范围)		5~30	6~40	8~50	10~60	128~0	16~100	20~120	25~160	30~200	40~200

续表

l≤表中数值时,螺纹制到距头部 $3P$ 以内	20	25	25	30	35	40	50	60	70	80
l(系列)	\multicolumn{10}{c}{5,6,8,10,12,16,20,25,30,35,40,45,50,60,65,70,80,90,100,110,120,130,140,150,160,180,200}

注:1. l_g 与 l_s 表中未列出。

2. s_{max} 用于除 12.9 级以外的其他性能等级。

3. d_{kmax} 只对光滑头部未列出。

附表 B.11 开槽锥端紧定螺钉(GB/T 71—1985)、开槽平端紧定螺钉(GB/T 73—1985)、开槽长圆柱端紧定螺钉(GB/T 75—1985)摘编

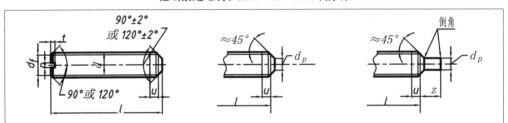

公称长度为短螺钉时,应制成 120°, u 为不完整螺纹的长度≤ $2P$

标记示例

螺纹规格 d=M5、公称长度 l=12mm、性能等级为14H级、表面氧化的开槽平端紧定螺钉:

螺钉 GB/T73 M5×12

单位:mm

螺纹规格 d		M1.2	M1.6	M2	M2.5	M3	M4	M5	M6	M8	M10	M12
螺距 P		0.25	0.35	0.4	0.45	0.5	0.7	0.8	1	1.25	1.5	1.75
d_f	≈	\multicolumn{11}{c}{螺 纹 小 径}
d_t	min	—	—	—	—	—	—	—	—	—	—	—
	max	0.12	0.16	0.2	0.25	0.3	0.4	0.5	1.5	2	2.5	3
d_p	min	0.35	0.55	0.75	1.25	1.75	2.25	3.2	3.7	5.2	6.64	8.14
	max	0.6	0.8	1	1.5	2	2.5	3.5	4	5.5	7	8.5
n	公称	0.2	0.25	0.25	0.4	0.4	0.6	0.8	1	1.2	1.6	2
	min	0.26	0.31	0.31	0.46	0.46	0.66	0.86	1.06	1.26	1.66	2.06
	max	0.4	0.45	0.45	0.6	0.6	0.8	1	1.2	1.51	1.91	2.31
t	min	0.4	0.56	0.64	0.72	0.8	1.12	1.28	1.6	2	2.4	2.8
	max	0.52	0.74	0.84	0.95	1.05	1.42	1.63	2	2.5	3	3.6
z	min	—	0.8	1	1.25	1.5	2	2.5	3	4	5	6
	max	—	1.05	1.25	1.5	1.75	2.25	2.75	3.25	4.3	5.3	6.3
GB/T71 —1985	l(公称长度)	2~6	2~8	3~10	3~12	4~16	6~20	8~25	8~30	10~40	12~50	14~60
	l(短螺钉)	2	2~2.5	2~2.5	2~3	2~3	2~4	2~5	2~6	2~8	2~10	2~12

续表

螺纹规格 d		M1.2	M1.6	M2	M2.5	M3	M4	M5	M6	M8	M10	M12
GB/T73 —1985	l(公称长度)	2~6	2~8	2~10	2.5~12	3~16	4~20	5~25	6~30	8~40	10~50	12~60
	l(短螺钉)	—	2	2~2.5	2~3	2~3	2~4	2~5	2~6	2~6	2~8	2~10
GB/T75 —1985	l(公称长度)	—	2.5~8	3~10	4~12	5~16	6~20	8~25	8~30	10~40	12~50	14~60
	l(短螺钉)	—	2~2.5	2~3	2~4	2~5	2~6	2~8	2~10	2~14	2~16	2~20
l(系列)		2,2.5,3,4,5,6,8,10,12,(14),16,20,25,30,35,40,45,50,(55),60										

注：1.公称长度为商品规格尺寸。

2.尽可能不采用括号内的规格。

附录C　键与销

附表 C.1　平键　键和键槽的剖面尺寸(GB/T 1095—1979,1990 年确认有效)
　　　　普通平键　形式尺寸(GB/T 1096—1979,1990 年确认有效)摘编

mm

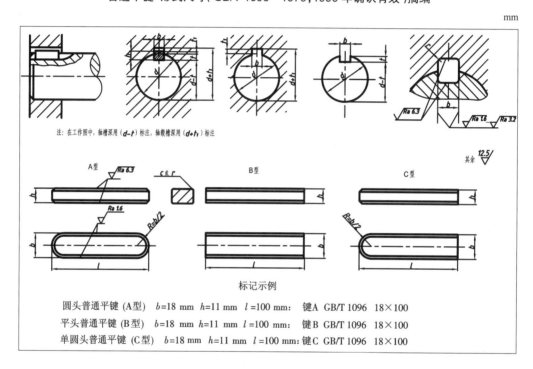

标记示例

圆头普通平键 (A型)　b=18 mm　h=11 mm　l=100 mm:　键A GB/T 1096　18×100

平头普通平键 (B型)　b=18 mm　h=11 mm　l=100 mm:　键B GB/T 1096　18×100

单圆头普通平键 (C型)　b=18 mm　h=11 mm　l=100 mm: 键C GB/T 1096　18×100

续表

轴	键		键槽											
				宽度 b					深度				半径 r	
					极限偏差				轴 t		毂 t_1			
公称直径 d	公称尺寸 b×h	长度 l	公称尺寸	较松键连接		一般键连接		较紧键连接						
				轴 H9	毂 D10	轴 N9	毂 JS9	轴和毂 P9	公称尺寸	极限偏差	公称尺寸	极限偏差	最小	最大
自6~8	2×2	6~20	2	+0.025 / 0	+0.060 / +0.020	−0.004 / −0.029	±0.0125	−0.006 / −0.031	1.2	+0.1 / 0	1	+0.1 / 0	0.08	0.16
>8~10	3×3	6~36	3						1.8		1.4			
>10~12	4×4	8~45	4	+0.030 / 0	+0.078 / +0.030	0 / −0.030	±0.015	−0.012 / −0.042	2.5		1.8			
>12~17	5×5	10~56	5						3.0		2.3		0.16	0.25
>17~22	6×6	14~70	6						3.5		2.8			
>22~30	8×7	18~90	8	+0.036 / 0	+0.098 / +0.040	0 / −0.036	±0.018	−0.015 / −0.051	4.0	+0.2 / 0	3.3	+0.2 / 0		
>30~38	10×8	22~110	10						5.0		3.3			
>38~44	12×8	28~140	12	+0.043 / 0	+0.0120 / +0.050	0 / −0.043	±0.0215	+0.018 / −0.061	5.0		3.3		0.25	0.40
>44~50	14×9	36~160	14						5.5		3.8			
>50~58	16×10	45~180	16						6.0		4.3			
>58~65	18×11	50~200	18						7.0		4.4			
>65~75	20×12	56~220	20	+0.052 / 0	+0.0149 / +0.065	0 / −0.052	±0.026	+0.022 / −0.074	7.5		4.9		0.40	0.60
>75~85	22×14	63~250	22						9.0		5.4			
>85~95	25×14	70~280	25						9.0		5.4			
>95~110	28×16	80~320	28						10.0		6.4			
>110~130	32×18	90~360	32	+0.062 / 0	+0.0180 / +0.080	0 / −0.062	±0.031	−0.026 / −0.08	11.0	+0.3 / 0	7.4	+0.3 / 0	0.70	1.0
>130~150	36×20	100~400	36						12.0		8.4			
>150~170	40×22	100~400	40						13.0		9.4			
>170~200	45×25	110~450	45						15.0		10.4			

注：1.（d−t）和（d+t_1）两组组合尺寸的极限偏差按相应的 t 和 t_1 的极限偏差选取，但（d−t）极限偏差应取负号（−）。

2. l 系列：6，8，10，12，14，16，18，20，22，25，28，32，36，40，45，50，56，63，70，80，90，100，110，125，140，160，180，200，220，250，280，320，360，400，450，500。

3. 平键轴槽的长度公差用 H14。

附表C.2　半圆键 键和键槽的剖面尺寸（GB/T 1098——1979,1990 确认有效）
半圆键 形式尺寸（GB/T 1099——1979,1990 确认有效）摘编

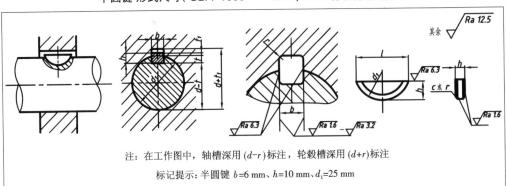

注：在工作图中，轴槽深用（d−r）标注，轮毂槽深用（d+r）标注

标记提示：半圆键 b=6 mm、h=10 mm、d₁=25 mm

键 GB/T 1099　6×25

单位：mm

轴径 d		键		键槽							
				宽度 b			深度				半径
					极限偏差						
					一般键连接		较紧键连接	轴 t		毂 t₁	
键传递扭矩	键定位用	公称尺寸 $b \times h \times d_1$	长度 l	公称尺寸	轴 N9	毂 JS9	轴和毂 P9	公称尺寸	极限偏差	公称尺寸	极限偏差	最小	最大
自3~4	自3~4	1.0×1.4×4	3.9	1.0				1.0		0.6			
>4~5	>4~5	1.5×2.6×7	6.8	1.5				2.0		0.8	±0.10		
>5~6	>6~8	2.0×2.6×7	6.8	2.0				1.8		1.0			
>6~7	>8~10	2.0×2.6×7	9.7	2.0	−0.004 −0.029	±0.012	−0.006 −0.031	2.9		1.0		0.08	0.16
>7~8	>10~12	2.5×3.7×10	9.7	2.5				2.7		1.2			
>8~10	>12~15	3.0×5.0×13	12.7	3.0				3.8		1.4			
>10~12	>15~18	3.0×6.5×16	15.7	3.0				5.3		1.4			
>12~14	>18~20	4.0×6.5×16	15.7	4.0				5.0		1.8			
>14~16	>20~22	4.0×7.5×19	18.6	4.0				6.0	+0.2 0	1.8			
>16~18	>22~25	5.0×6.5×16	15.7	5.0				4.5		2.3			
>18~20	>25~28	5.0×7.5×19	18.6	5.0	0 −0.030	±0.015	−0.012 −0.042	5.5		2.3		0.16	0.25
>20~22	>28~32	5.0×9.0×22	21.6	5.0				7.0		2.3			
>22~25	>36~40	6.0×9.0×25	21.6	6.0				6.5		2.8			
>25~28	>36~40	6.0×10.0×25	24.5	6.0				7.5	+0.3 0	2.8			
>28~32	40	8.0×11.0×28	27.4	8.0	0 −0.036	±0.018	−0.015 −0.051	8.0		3.3	+0.2 0	0.25	0.40
>32~38	—	10.0×13.0×32	31.4	10.0				10.0		3.3			

注：（d−t）和（d+t₁）两个组合尺寸的极限偏差按相应的 t 和 t₁ 的极限偏差选取，但（d−t）极限偏差值应取负号（−）。

附表 C.3　圆柱销不淬硬钢和奥氏体不锈钢(GB/T 119.1—2000)

圆柱销　淬硬钢和马氏体不锈钢(GB/T 119.2—2000)摘编

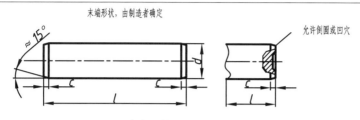

末端形状，由制造者确定

允许倒圆或凹穴

标记示例

公称直径 d=6 mm、公差为 m6、公称长度 l=30 mm、材料为钢、不经淬火、

不经表面处理的圆柱销：销　GB/T 119.1　6 m 6×30

公称直径 d=6 mm、公差为 m6、公称长度 l=30 mm、材料为钢、普通淬火

(A 型)、表面养化处理的圆柱销：销　GB/T 119.2　6×30

单位:mm

l(公称)		1.5	2	2.5	3	4	5	6	8
$c\approx$		0.3	0.35	0.4	0.5	0.63	0.8	1.2	1.6
l(商品长度范围)	GB/T 119.1—2000	4~16	6~20	6~24	8~30	8~40	10~50	12~60	14~80
	GB/T 119.2—2000	4~16	5~20	6~24	8~30	10~40	12~50	14~60	18~80

l(公称)		10	12	16	20	25	30	40	50
$c\approx$		2	2.5	3	3.5	4	5	6.3	8
l(商品长度范围)	GB/T 119.1—2000	18~95	22~140	26~180	35~200 以下	50~200 以下	60~200 以下	80~200 以下	95~200 以下
	GB/T 119.2—2000	22~100 以下	26~100 以下	40~100 以下	50~100 以下	—	—	—	—
l(系列)		3,4,5,6,8,10,12,14,16,18,20,22,24,26,28,30,32,35,40,45,50,55,60,65,70,80, 85,90,95,100,120,140,160,180,200……							

注:1. 公称直径 d 的公差:GB/T 119.1—2000 规定为 m6 和 m8,GB/T 119.2—2000 仅 m6,其他公差由供需双方协议。

2. GB/T 119.2—2000 中淬硬钢按淬火方法不同,分为普通淬火(A 型)和表面淬火(B 型)。

3. 公称长度大于 200 mm,按 20 mm 递增。

附表 C.4　圆锥销(GB/T 117—2000)摘编

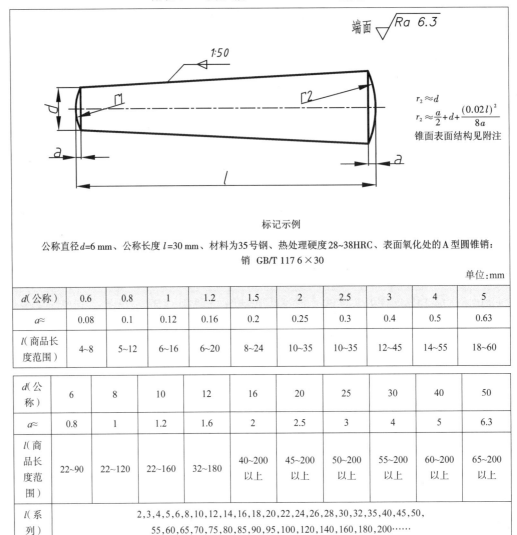

$$r_2 \approx d$$
$$r_2 \approx \frac{a}{2} + d + \frac{(0.02l)^2}{8a}$$
锥面表面结构见附注

标记示例

公称直径 d=6 mm、公称长度 l=30 mm、材料为35号钢、热处理硬度28~38HRC、表面氧化处的A型圆锥销：

销　GB/T 117 6×30

单位：mm

d(公称)	0.6	0.8	1	1.2	1.5	2	2.5	3	4	5
$a\approx$	0.08	0.1	0.12	0.16	0.2	0.25	0.3	0.4	0.5	0.63
l(商品长度范围)	4~8	5~12	6~16	6~20	8~24	10~35	10~35	12~45	14~55	18~60

d(公称)	6	8	10	12	16	20	25	30	40	50
$a\approx$	0.8	1	1.2	1.6	2	2.5	3	4	5	6.3
l(商品长度范围)	22~90	22~120	22~160	32~180	40~200 以上	45~200 以上	50~200 以上	55~200 以上	60~200 以上	65~200 以上
l(系列)	2,3,4,5,6,8,10,12,14,16,18,20,22,24,26,28,30,32,35,40,45,50, 55,60,65,70,75,80,85,90,95,100,120,140,160,180,200……									

注：1. 公称直径 d 的公差规定为 h10，其他公差如 a11,c11 和 8 由供需双方协议。

2. 圆锥销有 A 型和 B 型。A 型为磨削,锥面表面结构 Ra=0.8 μm,B 型为切削或冷镦,锥面表面结构 Ra=3.2 μm。

3. 公称长度大于 200 mm, 按 20 mm 递增。

附表 C.5 开口销（GB/T 91—2000）摘要

允许制造的形式

标记示例

公称规格为 5 mm、公称长度 l =50 mm、材料为 Q215、不经表面处理的开口销：

销　GB/T 91　5×50

单位：mm

公称规格			0.6	0.8	1	1.2	1.6	2	2.5	3.2
d		max	0.5	0.7	0.9	1.0	1.4	1.8	2.3	2.9
		min	0.4	0.6	0.8	0.9	1.3	1.7	2.1	2.7
a		max	1.6	1.6	1.6	2.50	2.50	2.50	2.50	3.2
$b\approx$			2	2.4	3	3	3.2	4	5	6.4
c		max	1.0	1.4	1.8	2.0	2.8	3.6	4.6	5.8
适用的文字	螺栓	>	—	2.5	3.5	4.5	5.5	7	9	11
		≤	2.5	3.5	4.5	5.5	7	9	11	14
	U 形销	>	—	2	3	4	5	6	8	9
		≤	2	3	4	5	6	8	9	12
商品长度单位			4~12	5~16	6~20	8~25	8~32	10~40	12~50	14~63

公称规格			4	5	6.3	8	10	13	16	20
d		max	3.7	4.6	5.9	7.5	9.5	12.4	15.4	19.3
		min	3.5	4.4	5.7	7.3	9.3	12.1	15.1	19.0
a		max	4	4	4	4	6.30	6.30	6.30	6.30
$b\approx$			8	10	12.6	16	20	26	32	40
c		max	7.4	9.2	11.8	15.0	19.0	24.8	30.8	38.5
适用的文字	螺栓	>	14	20	27	39	56	80	120	170
		≤	20	27	39	56	80	120	170	—
	U 形销	>	12	17	23	29	44	69	110	160
		≤	17	23	29	44	69	110	160	—
商品长度单位			18~20	22~100	32~125	40~160	45~200	71~250	112~280	160~280

l（系列）	4,5,6,8,10,12,14,16,18,20,22,25,28,32,36,40,50, 56,63,71,80,90,100,112,125,140,160,180,200,224,250,280

注：1. 公称规格等于开口销孔的直径。对销孔直径推荐的公差：公称规格 ≤ 1.2 为 H13，公称规格 >1.2 为 H14。根据供需双方协议，允许采用公称规格为 3 mm、6 mm 和 12 mm 的开口销。

2. 用于铁道和在 U 形销中开口销承受交变横向力的场合，推荐使用的开口销规格应较本表规定的加大一挡。

附录 D　常用标准结构和标准数据

附表 D.1　中心孔(GB/T 145—2001)、中心孔表示法(GB/T 4459—1999)摘编

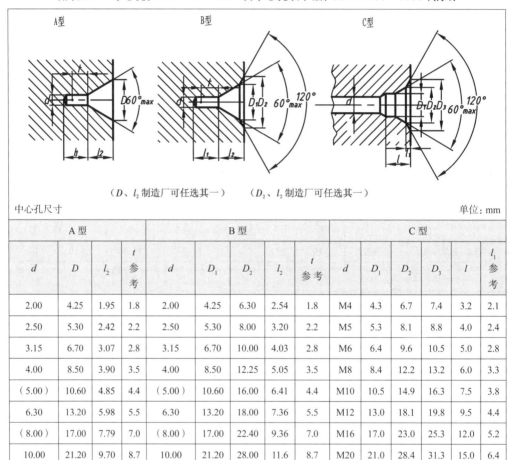

（D、l_2 制造厂可任选其一）　　　　（D_2、l_2 制造厂可任选其一）

中心孔尺寸　　　　　　　　　　　　　　　　　　　　　　　　　　　　　单位：mm

A 型				B 型					C 型					
d	D	l_2	t 参考	d	D_1	D_2	l_2	t 参考	d	D_1	D_2	D_3	l	l_1 参考
2.00	4.25	1.95	1.8	2.00	4.25	6.30	2.54	1.8	M4	4.3	6.7	7.4	3.2	2.1
2.50	5.30	2.42	2.2	2.50	5.30	8.00	3.20	2.2	M5	5.3	8.1	8.8	4.0	2.4
3.15	6.70	3.07	2.8	3.15	6.70	10.00	4.03	2.8	M6	6.4	9.6	10.5	5.0	2.8
4.00	8.50	3.90	3.5	4.00	8.50	12.25	5.05	3.5	M8	8.4	12.2	13.2	6.0	3.3
（5.00）	10.60	4.85	4.4	（5.00）	10.60	16.00	6.41	4.4	M10	10.5	14.9	16.3	7.5	3.8
6.30	13.20	5.98	5.5	6.30	13.20	18.00	7.36	5.5	M12	13.0	18.1	19.8	9.5	4.4
（8.00）	17.00	7.79	7.0	（8.00）	17.00	22.40	9.36	7.0	M16	17.0	23.0	25.3	12.0	5.2
10.00	21.20	9.70	8.7	10.00	21.20	28.00	11.6	8.7	M20	21.0	28.4	31.3	15.0	6.4

注：1. 尺寸 l_1 取决于中心钻的长度，此值不应小于 t 值（对 A 型、B 型）
2. 括号内的尺寸尽量不采用。
3. R 型中心孔未列入。

中心孔表示法

要求	符号	表示法示例	说明
在完工的零件上要求保留中心孔		GB/T4459.5-B2.5/8	采用 B 型中心孔 $d=2.5$ mm　$D_1=8$ mm 在完工的零件上要求保留

续表

在完工的零件上可以保留中心孔	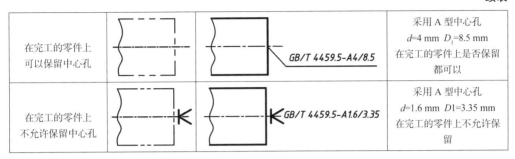	采用 A 型中心孔 *d*=4 mm　D_1=8.5 mm 在完工的零件上是否保留 都可以
在完工的零件上不允许保留中心孔		采用 A 型中心孔 *d*=1.6 mm　*D*1=3.35 mm 在完工的零件上不允许保 留

注:在不致引起误解时,可省略标记中的标准编号。

附表 D.2　圆锥的锥度与锥角系列(GB/T 157—2001)摘编

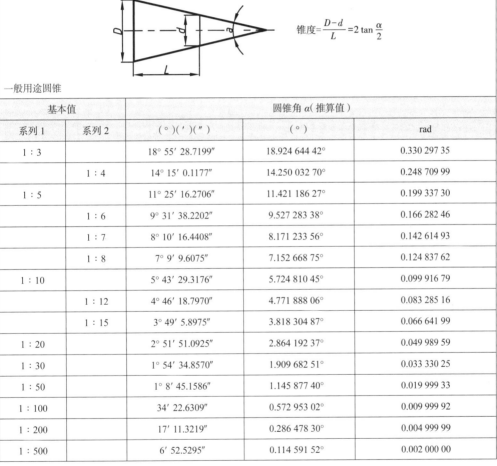

$$锥度=\frac{D-d}{L}=2\tan\frac{\alpha}{2}$$

一般用途圆锥

基本值		圆锥角 *α*(推算值)		
系列 1	系列 2	(°)(′)(″)	(°)	rad
1 : 3		18° 55′ 28.7199″	18.924 644 42°	0.330 297 35
	1 : 4	14° 15′ 0.1177″	14.250 032 70°	0.248 709 99
1 : 5		11° 25′ 16.2706″	11.421 186 27°	0.199 337 30
	1 : 6	9° 31′ 38.2202″	9.527 283 38°	0.166 282 46
	1 : 7	8° 10′ 16.4408″	8.171 233 56°	0.142 614 93
	1 : 8	7° 9′ 9.6075″	7.152 668 75°	0.124 837 62
1 : 10		5° 43′ 29.3176″	5.724 810 45°	0.099 916 79
	1 : 12	4° 46′ 18.7970″	4.771 888 06°	0.083 285 16
	1 : 15	3° 49′ 5.8975″	3.818 304 87°	0.066 641 99
1 : 20		2° 51′ 51.0925″	2.864 192 37°	0.049 989 59
1 : 30		1° 54′ 34.8570″	1.909 682 51°	0.033 330 25
1 : 50		1° 8′ 45.1586″	1.145 877 40°	0.019 999 33
1 : 100		34′ 22.6309″	0.572 953 02°	0.009 999 92
1 : 200		17′ 11.3219″	0.286 478 30°	0.004 999 99
1 : 500		6′ 52.5295″	0.114 591 52°	0.002 000 00

注:优先选用系列 1。

特定用途圆锥				
基本值	圆锥角 α（推算值）			用途
	（°）（′）（″）	（°）	rad	
1：19.002	3° 0′ 52.3956″	3.014 554 34°	0.052 613 90	莫氏锥度 No.5
1：19.180	2° 59′ 11.7258″	2.986 590 50°	0.052 125 84	莫氏锥度 No.6
1：19.212	2° 58′ 53.8255″	2.981 618 20°	0.052 039 05	莫氏锥度 No.0
1：19.254	2° 58′ 30.4217″	2.975 117 13°	0.051 925 59	莫氏锥度 No.4
1：19.922	2° 52′ 31.4463″	2.875 401 76°	0.050 185 23	莫氏锥度 No.3
1：20.020	2° 51′ 40.7960″	2.861 332 23°	0.049 939 67	莫氏锥度 No.2
1：20.047	2° 51′ 26.9283″	2.857 480 08°	0.049 872 44	莫氏锥度 No.1

附录 E   常用金属材料

附表 E.1   常用钢材牌号及用途

名　称	牌　号	应用举例
碳素结构钢	Q215 Q235	塑性较强,强度较低,焊接性能较好,常用作各种板材及型钢,制作工程结构或机器中受力不大的零件,如螺钉、螺母、垫圈、吊钩、拉杆等;也可渗碳,制造不重要的渗碳零件
	Q275	强度较高,可制作承受中等应力的普通零件,如紧固件、吊钩、拉杆等;也可经热处理后制造不重要的轴
优质碳素结构钢	15 20	塑性、韧性、焊接性和冷冲性很好,但强度较低,用于制造受力不大、韧性要求较强的零件、紧固件、渗碳零件及不要求热处理的低负荷零件,如螺栓、螺钉、拉条、法兰盘等
	35	有较好的塑性和适当的强度,用于制造曲轴、转轴、轴销、杠杆、连杆、横梁、链轮、垫圈、螺钉、螺母等,多在正火和调质状态下使用,一般不作焊接使用
	40 45	用于要求强度较高、韧性中等的零件,通常进行调质或正火处理,用于制造齿轮、齿条、链轮、轴、曲轴等;经高频表面淬火后可替代渗碳钢制作齿轮、轴、活塞销等零件
	55	经热处理后有较高的表面硬度和强度,具有较好的韧性,一般经正火或淬火、回火后使用,用于制造齿轮、连杆、轮圈及轧辊等,焊接性及冷变形性均低
	65	一般经淬火中温回火,具有较高弹性,用于制造小尺寸弹簧
	15Mn	性能与 15 钢相似,但其淬透性、强度和塑性均稍高于 15 钢,用于制作中心部分的力学性能要求较高且需渗碳的零件,且焊接性好
	65Mn	性能与 65 钢相似,用于制造弹簧、弹簧垫圈、弹簧环和片以及冷拔钢丝(≤ 7mm)和发条
合金结构钢	20Cr	用于渗碳零件,制作受力不太大、不需要强度很高的耐磨零件,如机床齿轮、齿轮轴、凸轮、活塞销等
	40Cr	调质后强度比碳钢高,常用作中等截面、要求力学性能比碳钢高的重要调质零件,如齿轮、轴、曲轴、连杆、螺栓等
	20CrMnTi	强度、韧性均高,是铬镍钢的代用材料,经热处理后,用于承受高速、中等或重负荷以及冲击、磨损等的重要零件,如渗碳齿轮、凸轮等
	38CrMoAI	渗氮专用钢种,经热处理后用于要求高耐磨性、高疲劳强度和相当高强度且热处理变形小的零件,如镗杆、主轴、齿轮、蜗杆、套筒、套环等
合式结构钢	35SiMn	除了要求低温(-20℃以下)及冲击韧性很高的情况外,可全面替代 40Cr 作调质钢;亦可部分替代 40CrNi,制作中小型轴类、齿轮等零件
	50 CrVA	用于(ϕ30~ϕ50)mm 质量的承受大应力的各种弹簧;也可用作大截面的温度低于 400℃的气阀弹簧、喷油嘴弹簧等
铸钢	ZG200-400	用于各种形状的零件,如机座、变速箱壳等
	ZG230-450	用于铸造平坦的零件,如机座、机盖、箱体等
	ZG270-500	用于各种形状的零件,如飞轮、机架、水压机工作缸、横梁等

附表 E.2　常用铸铁牌号及用途

名　称	牌　号	应用举例	说　明
灰铸铁	HT100	低载荷和不重要零件,如盖、外罩、手轮、支架、重锤等	牌号中"HT"是"灰铁"两字汉语拼音的第一个字母,其后的数字表示最低抗拉强度(MPa),但这一力学性能与铸件壁厚有关
	HT150	承受中等应力的零件,如支柱、底座、齿轮箱、工作台、刀架、端盖、阀体、管路附件及一般无工作条件要求的零件	
	HT200 HT250	承受较大应力和较重的零件,如汽缸体、齿轮、机座、飞轮、床身、缸套、活塞、刹车轮、联轴器、齿轮箱、轴承座、油缸等	
	HT300 HT350 HT400	承受高弯曲应力及抗拉应力的重要零件,如齿轮、凸轮、车床卡盘、剪床(如压力机的机身、床身、高压油缸、滑阀壳体)等	
球墨铸铁	QT400-65 QT450-10 QT500-7 QT600-3 QT700-2	球墨铸铁可替代部分碳钢、合金钢,用来制造一些受力复杂,强度、韧性和耐磨性要求高的零件;前两种牌号的球墨铸铁,具有较高的韧性与塑性,常用来制造受力阀门、机器底座、汽车后桥壳等;后两种牌号的球墨铸铁,具有较高的强度与耐磨性,常用来制造拖拉机或柴油机中的曲轴、连杆、凸轮轴,各种齿轮,机床的主轴蜗杆、蜗轮,轧钢机的轧辊、大齿轮,大型水压的工作缸、缸套、活塞等	牌号中"QT"是"球铁"两字汉语拼音的第一个字母,后面两组数字分别表示其最低抗拉强度(MPa)和最小伸长率($\delta \times 100\%$)

附表 E.3　常用有色金属牌号及用途

名　称		牌　号	应用举例
加工黄铜	普通黄铜	H62	销钉、钉、螺钉、螺母、垫圈、弹簧等
		H68	复杂的冷冲压件、散热器、外壳、弹壳、导管、波纹管、轴套等
		H90	双金属片、供水和排水管、证章、艺术品等
	铅黄铜	HPb59-1	适用于仪器仪表等工业部门用的切削加工零件,如销、螺钉、螺母、轴套等
加工锡青铜		QSn4-3	弹性元件、管配件、化工机械中耐磨零件及抗磁零件
		QSn6.5-0.1	重要的减磨零件,如轴
铸造锡青铜		ZCuSn10Pb1	重要的减磨零件,如轴承、轴套、涡轮、摩擦轮、机床丝杠螺母等
		ZCuSn5Pb5Zn5	中速、中载荷的轴承、轴套、涡轮等耐磨零件
铸造铝合金		ZA1Si7Mg (ZL101)	形状复杂的砂型、金属型和压力铸造零件,如飞机、仪器的零件,抽水机壳体,工作温度不超过 185℃的汽化器等
		ZA1Si12 (ZL102)	形状复杂的砂型、金属型和压力铸造零件,如仪表、抽水机壳体,工作温度在 200℃以下要求气密性、承受负荷的零件
		ZA1Si5Cu1Mg (ZL105)	砂型、金属型和压力铸造的形状复杂、在 255℃以下工作的零件,如风冷发动机的汽缸头、机匣、油泵壳体等
		ZA1Si2Cu2Mg1 (ZL108)	砂型、金属型铸造的、要求高温强度及低温膨胀系数的高速内燃机活塞及其他耐热零件

附录 F 轴和孔的极限偏差

附表 F.1 轴的极限偏差(GB/T1800.4 — 1999)摘编

基本尺寸/mm 大于	至	a* 11	b* 11	b* 12	c 9	c 10	c 11	d 8	d 9	d 10	d 11	e 7	e 8	e 9
—	3	-270	-140	-140	-60	-60	-60	-20	-20	-20	-20	-14	-14	-14
		-330	-200	-240	-85	-100	-120	-34	-45	-60	-80	-24	-28	-39
3	6	-270	-140	-140	-70	-70	-70	-30	-30	-30	-30	-20	-20	-20
		-345	-215	-260	-100	-118	-145	-48	-60	-78	-105	-32	-38	-50
6	10	-280	-150	-150	-80	-80	-80	-40	-40	-40	-40	-25	-25	-25
		-370	-240	-300	-116	-138	-170	-62	-76	-98	-130	-40	-47	-61
10	14	-290	-150	-150	-95	-95	-95	-50	-50	-50	-50	-32	-32	-32
14	18	-400	-260	-330	-138	-165	-205	-77	-93	-120	-160	-50	-59	-75
18	24	-300	-160	-160	-110	-110	-110	-65	-65	-65	-65	-40	-40	-40
24	30	-430	-290	-370	-162	-194	-240	-98	-117	-149	-195	-61	-73	-92
30	40	-310	-170	-170	-120	-120	-120	-80	-80	-80	-80	-50	-50	-50
		-470	-330	-420	-182	-220	-280							
40	50	-320	-180	-180	-130	-130	-130							
		-480	-340	-430	-192	-230	-290	-119	-142	-180	-240	-75	-89	-112
50	65	-340	-190	-190	-140	-140	-140	-100	-100	-100	-100	-60	-60	-60
		-530	-380	-490	-214	-260	-330							
65	80	-360	-200	-200	-150	-150	-150							
		-550	-390	-500	-224	-270	-340	-146	-174	-220	-290	-90	-106	-134
80	100	-380	-220	-220	-170	-170	-170	-120	-120	-120	-120	-72	-72	-72
		-600	-440	-570	-257	-310	-390							
100	120	-410	-240	-240	-180	-180	-180							
		-630	-460	-590	-267	-320	-400	-174	-207	-260	-340	-107	-126	-159
120	140	-460	-260	-260	-200	-200	-200	-145	-145	-145	-145	-85	-85	-85
		-710	-510	-660	-300	-360	-450							
140	160	-520	-280	-280	-210	-210	-210							
		-770	-530	-680	-310	-370	-460							
160	180	-580	-310	-310	-230	-230	-230							
		-830	-560	-710	-330	-390	-480	-208	-245	-305	-395	-125	-148	-185

续表

基本尺寸/mm		a*	b*		c			d				e		
大于	至	11	11	12	9	10	11	8	9	10	11	7	8	9
180	200	-660 -950	-340 -630	-340 -800	-240 -355	-240 -425	-240 -530	-170	-170	-170	-170	-100	-100	-100
200	225	-740 -1030	-380 -670	-380 -840	-260 -375	-260 -445	-260 -550							
225	250	-820 -1110	-420 -710	-420 -880	-280 -395	-280 -465	-280 -570	-240	285	-355	-460	-146	-172	-215
250	280	-920 -1240	-480 -800	-480 -1000	-300 -430	-300 -510	-300 -620	-190	-190	-190	-190	-110	-110	-110
280	315	-1050 -1370	-540 -860	-540 -1060	-330 -460	-330 -540	-330 -650	+271	-320	-400	-510	162	-190	-240
315	355	-1200 -1560	-600 -960	-600 -1170	-360 -500	-360 -590	-360 -720	-210	-210	-210	-210	-125	-125	-125
355	400	-1350 -1710	-680 -1040	-680 -1250	-400 -540	-400 -630	-400 -760	-299	-350	-440	-570	-182	-214	-265
400	450	-1500 -1900	-760 -1160	-760 -1390	-440 -595	-440 -690	-440 -840	-230	-230	-230	-230	-135	-135	-135
450	500	-1650 2050	-840 -1240	-840 -1470	-480 -635	-480 -730	-480 -880	-327	-385	-480	-630	-198	-232	-290

f					g			h							
5	6	7	8	9	5	6	7	5	6	7	8	9	10	11	12
-6 -10	-6 -12	-6 -16	-6 -20	-6 -31	-2 -6	-2 -8	-2 -12	0 -4	0 -6	0 -10	0 -14	0 -25	0 -40	0 -60	0 -100
-10 -15	-10 -1	-10 -22	-10 -28	-10 -40	-4 -9	-4 -12	-4 -16	0 -5	0 -8	0 -15	0 -22	0 -36	0 -58	0 -75	0 -120
-13 -19	-13 -22	-13 -28	-13 -35	-13 -49	-5 -11	-5 -14	-5 -20	0 -6	0 -9	0 -15	0 -22	0 -36	0 -588	0 -90	0 -150
-16 -24	-16 -27	-16 -34	-16 -43	-16 -59	-6 -14	-6 -17	-6 -24	0 -8	0 -11	0 -18	0 -27	0 -43	0 -70	0 -110	0 -180
-20 -29	-20 -33	-20 -41	-20 -53	-20 -72	-7 -16	-7 -20	-7 -28	0 -9	0 -13	0 -21	0 33	0 -52	0 -84	0 -130	0 -210
-25 -36	-25 -41	-25 -50	-25 -64	-25 -87	-9 -20	-9 -25	-9 -34	0 -11	0 -16	0 -25	0 -39	0 -62	0 -100	0 -160	0 -250
-30 -43	-30 -49	-30 -60	-30 -76	-30 -104	-10 -23	-10 -29	-10 -40	0 -13	0 -19	0 -30	0 -46	10 -74	0 -120	0 -190	0 -300
-36 -51	-36 -58	-36 -71	-36 -90	-36 -123	-12 -27	-12 -34	-12 -47	0 -15	0 -22	0 -35	0 -54	0 -87	0 -140	0 -220	0 -350

续表

f 5	f 6	f 7	f 8	f 9	g 5	g 6	g 7	h 5	h 6	h 7	h 8	h 9	h 10	h 11	h 12
−43 / −61	−43 / −68	−43 / −83	−43 / −106	−43 / −143	−14 / −32	−14 / −39	−14 / −54	0 / −18	0 / −25	0 / −40	0 / −63	0 / −100	0 / −160	0 / −250	0 / −400
−50 / −70	−50 / −79	−50 / −96	−50 / −122	−50 / −165	−15 / −35	−15 / −44	−15 / −61	0 / −20	0 / −29	0 / −46	0 / −72	0 / −115	0 / −185	0 / −290	0 / −460
−56 / −79	−56 / −88	−56 / −108	−56 / −137	−56 / −186	−17 / −40	−17 / −49	−17 / −69	0 / −23	0 / −32	0 / −52	0 / −81	0 / −130	0 / −210	0 / −320	0 / −520
−62 / −87	−62 / −98	−62 / −119	−62 / −151	−62 / −202	−18 / −43	−18 / −54	−13 / −75	0 / −25	0 / −36	0 / −57	0 / −89	0 / −140	0 / −230	0 / −360	0 / −570
−68 / −95	−68 / −108	−68 / −131	−68 / −165	−68 / −223	−20 / −47	−20 / −60	−20 / −83	0 / −27	0 / −40	0 / −63	0 / −97	0 / −155	0 / −250	0 / −400	0 / −630

基本尺寸/mm 大于	至	js 5	js 6	js 7	k 5	k 6	k 7	m 5	m 6	m 7	n 5	n 6	n 7	p 5	p 6	p 7
—	3	±2	±3	±5	+4 / 0	+6 / 0	+10 / 0	+6 / +2	+8 / +2	+12 / +2	+8 / +4	+10 / +4	+14 / +4	+10 / +6	+12 / +6	+16 / +6
3	6	±2.5	±4	±6	+6 / +1	+9 / +1	+13 / +1	+9 / +4	+12 / +4	+16 / +4	+13 / +8	+16 / +8	+20 / +8	+17 / +12	+20 / +12	+24 / +12
6	10	±3	±4.5	±7	+7 / +1	+10 / +1	+16 / +1	+12 / +6	+15 / +6	+21 / +6	+16 / +10	+19 / +10	+25 / +10	+21 / +15	+24 / +15	+30 / +15
10	14	±4	±5.5	±9	+9 / +1	+12 / +1	+19 / +1	+15 / +7	+18 / +7	+25 / +7	+20 / +12	+23 / +12	+30 / +12	+26 / +18	+29 / +18	+36 / +18
14	18	±4	±5.5	±9	+9 / +1	+12 / +1	+19 / +1	+15 / +7	+18 / +7	+25 / +7	+20 / +12	+23 / +12	+30 / +12	+26 / +18	+29 / +18	+36 / +18
18	24	±4.5	±6.5	±10	+11 / +2	+15 / +2	+23 / +2	+17 / +8	+21 / +8	+29 / +8	+24 / +15	+28 / +15	+36 / +15	+31 / +22	+35 / +22	+43 / +22
24	30	±4.5	±6.5	±10	+11 / +2	+15 / +2	+23 / +2	+17 / +8	+21 / +8	+29 / +8	+24 / +15	+28 / +15	+36 / +15	+31 / +22	+35 / +22	+43 / +22
30	40	±5.5	±8	±12	+13 / +2	+18 / +2	+27 / +2	+20 / +9	+25 / +9	+34 / +9	+28 / +17	+33 / +17	+42 / +17	+37 / +26	+42 / +26	+51 / +26
40	50	±5.5	±8	±12	+13 / +2	+18 / +2	+27 / +2	+20 / +9	+25 / +9	+34 / +9	+28 / +17	+33 / +17	+42 / +17	+37 / +26	+42 / +26	+51 / +26
50	65	±6.5	±9.5	±15	+15 / +2	+21 / +2	+32 / +2	+24 / +11	+30 / +11	+41 / +11	+33 / +20	+39 / +20	+50 / +20	+45 / +32	+51 / +32	+62 / +32
65	80	±6.5	±9.5	±15	+15 / +2	+21 / +2	+32 / +2	+24 / +11	+30 / +11	+41 / +11	+33 / +20	+39 / +20	+50 / +20	+45 / +32	+51 / +32	+62 / +32
80	100	±7.5	±11	±17	+18 / +3	+25 / +3	+38 / +3	+28 / +13	+35 / +13	+48 / +13	+38 / +23	+45 / +23	+58 / +23	+52 / +37	+59 / +37	+72 / +37
100	120	±7.5	±11	±17	+18 / +3	+25 / +3	+38 / +3	+28 / +13	+35 / +13	+48 / +13	+38 / +23	+45 / +23	+58 / +23	+52 / +37	+59 / +37	+72 / +37
120	140	±9	±12.5	±20	+21 / +3	+28 / +3	+43 / +3	+33 / +15	+40 / +15	+55 / +15	+45 / +27	+52 / +27	+67 / +27	+61 / +43	+68 / +43	+83 / +43
140	160	±9	±12.5	±20	+21 / +3	+28 / +3	+43 / +3	+33 / +15	+40 / +15	+55 / +15	+45 / +27	+52 / +27	+67 / +27	+61 / +43	+68 / +43	+83 / +43
160	180	±9	±12.5	±20	+21 / +3	+28 / +3	+43 / +3	+33 / +15	+40 / +15	+55 / +15	+45 / +27	+52 / +27	+67 / +27	+61 / +43	+68 / +43	+83 / +43
180	200	±10	±14.5	±23	+24 / +4	+33 / +4	+50 / +4	+37 / +17	+46 / +17	+63 / +17	+51 / +31	+60 / +31	+77 / +31	+70 / +50	+79 / +50	+96 / +50
200	225	±10	±14.5	±23	+24 / +4	+33 / +4	+50 / +4	+37 / +17	+46 / +17	+63 / +17	+51 / +31	+60 / +31	+77 / +31	+70 / +50	+79 / +50	+96 / +50
225	250	±10	±14.5	±23	+24 / +4	+33 / +4	+50 / +4	+37 / +17	+46 / +17	+63 / +17	+51 / +31	+60 / +31	+77 / +31	+70 / +50	+79 / +50	+96 / +50

基本尺寸/mm 大于	至	js 5	js 6	js 7	k 5	k 6	k 7	m 5	m 6	m 7	n 5	n 6	n 7	p 5	p 6	p 7
250	280	±11.5	±16	±26	+27	+36	+56	+43	+52	+72	+57	+66	+86	+79	+88	+108
280	315				+4	+4	+4	+20	+20	+20	+34	+34	+34	+56	+56	+56
315	355	±12.5	±18	±28	+29	+40	+61	+46	+57	+78	+62	+73	+94	+87	+98	+119
355	400				+4	+4	+4	+21	+21	+21	+37	+37	+37	+62	+62	+62
400	450	±13.5	±20	±31	+32	+45	+68	+50	+63	+86	+67	+80	+103	+95	+108	+131
450	500				+5	+5	+5	+23	+23	+23	+40	+40	+40	+68	+68	+68

r 5	r 6	r 7	s 5	s 6	s 7	t 5	t 6	t 7	u 6	u 7	v 6	x 6	y 6	z 6
+14	+16	+20	+18	+20	+24	—	—	—	+24	+28	—	+26	—	+32
+10	+10	+10	+14	+14	+14				+18	+18		+20		+26
+20	+23	+27	+24	+27	+31	—	—	—	+31	+35	—	+36	—	+43
+15	+15	+15	+19	+19	+19				+23	+23		+28		+35
+25	+28	+34	+29	+32	+38	—	—	—	+37	+43	—	+43	—	+51
+19	+19	+19	+23	+23	+23				+28	+28		+34		+42
+31	+34	+41	+36	+39	+46	—	—	—	+44	+51	—	+51	—	+61
+23	+23	+23	+28	+28	+28				+33	+33		+40		+50
											+50	+56	—	+71
											+39	+45		+60
+37	+41	+49	+44	+48	+56	—	—	—	+54	+62	+60	+67	+76	+86
+28	+28	+28	+35	+35	+35				+41	+41	+47	+54	+63	+73
						+50	+54	+62	+61	+69	+68	+77	+88	+101
						+41	+41	+41	+48	+48	+55	+64	+75	+88
+45	+50	+59	+54	+59	+68	+59	+64	+73	+76	+85	+84	+96	+110	+128
+34	+34	+34	+43	+43	+43	+48	+48	+48	+60	+60	+68	+80	+94	+112
						+65	+70	+79	+86	+95	+97	+113	+130	+152
						+54	+54	+54	+70	+70	+81	+97	+114	+136
+54	+60	+71	+66	+72	+83	+79	+85	+96	+106	+117	+121	+141	+163	+191
+41	+41	+41	+53	+53	+53	+66	+66	+66	+87	+87	+102	+122	+144	+172
+56	+62	+73	+72	+78	+89	+88	+94	+105	+121	+132	+139	+165	+193	+229
+43	+43	+43	+59	+59	+59	+75	+75	+75	+102	+102	+120	+146	+174	+210
+66	+73	+86	+86	+93	+106	+106	+113	+126	+146	+159	+168	+200	+236	+280
+51	+51	+51	+71	+71	+71	+91	+91	+91	+124	+124	+146	+178	+214	+258
+69	+76	+89	+94	+101	+114	+119	+126	+139	+166	+179	+194	+232	+276	+332
+54	+54	+54	+79	+79	+79	+104	+104	+104	+144	+144	+172	+210	+254	+310

续表

r			s			t			u		v	x	y	z
5	6	7	5	6	7	5	6	7	6	7	6	6	6	6
+81	+88	+103	+110	+117	+132	+140	+147	+162	+195	+210	+227	+273	+325	+390
+63	+63	+63	+92	+92	+92	+122	+122	+122	+170	+170	+202	+248	+300	+365
+83	+90	+105	+118	+125	+140	+152	+159	+174	+215	+230	+253	+305	+365	+440
+65	+65	+65	+100	+100	+100	+134	+134	+134	+190	+190	+228	+280	+340	+415
+86	+93	+108	+126	+133	+148	+164	+171	+186	+235	+250	+277	+335	+405	+490
+68	+68	+68	+108	+108	+108	+146	+146	+146	+210	+210	+252	+310	+380	+465
+97	+106	+123	+142	+151	+168	+186	+195	+212	+265	+282	+313	+379	+454	+549
+77	+77	+77	+122	+122	+122	+166	+166	+166	+236	+236	+284	+350	+425	+520
+100	+109	+126	+150	+159	+176	+200	+209	+226	+287	+304	+339	+414	+449	+604
+80	+80	+80	+130	+130	+130	+180	+180	+180	+258	+258	+310	+385	+470	+575
+104	+113	+130	+160	+169	+186	+216	+225	+242	+313	+330	+369	+454	+549	+669
+84	+84	+84	+140	+140	+140	+196	+196	+196	+284	+284	+340	+425	+520	+640
+117	+126	+146	+181	+190	+210	+241	+250	+270	+347	+367	+417	+507	+612	+742
+94	+91	+94	+158	+158	+158	+218	+218	+218	+315	+315	+385	+475	+580	+710
+121	+130	+150	+198	+202	+222	+263	+272	+292	+382	+402	+457	+557	+682	+822
+98	+98	+98	+170	+170	+170	+240	+240	+240	+350	+350	+425	+525	+650	+790
+133	+144	+165	+215	+226	+247	+293	+304	+325	+426	+447	+511	+626	+766	+936
+108	+108	+108	+190	+190	+190	+268	+268	+268	+390	+390	+475	+590	+730	+900
+139	+150	+171	+233	+244	+265	+319	+330	+351	+471	+492	+566	+696	+856	+1036
+114	+114	+114	+208	+208	+208	+294	+294	+294	+435	+485	+530	+660	+820	+1000
+153	+166	+189	+259	+272	+295	+357	+370	+393	+530	+553	+635	+780	+980	+1140
+126	+126	+126	+232	+232	+232	+330	+330	+330	+490	+490	+595	+740	+920	+1100
+159	+172	+195	+279	+292	+315	+387	+400	+423	+580	+603	+700	+860	+1040	+1290
+132	+132	+132	+252	+252	+252	+360	+360	+360	+540	+540	+660	+820	+1000	+1250

注:1.* 基本尺寸小于 1 mm 时,各级的 a 和 b 均不采用。

2. 带"▼"标记为优先公差带。

附表 F.2　孔的极限偏差(GB/T1800.4—1999)摘编

基本尺寸 /mm		A*	B*		C		D				E		F			
大于	至	11	11	12	11	12	8	9	10	11	8	9	6	7	8	9
—	3	+330	+200	+240	+120	+160	+34	+45	+60	+80	+28	+39	+12	+16	+20	+31
		+270	+140	+140	+60	+60	+20	+20	+20	+20	+14	+14	+6	+6	+6	+6
3	6	+345	+215	+260	+145	+190	+48	+60	+78	+105	+38	+50	+18	+22	+28	+40
		+270	+140	+140	+70	+70	+30	+30	+30	+30	+20	+20	+10	+10	+10	+10
6	10	+370	+240	+300	+170	+230	+62	+76	+98	+130	+47	+61	+22	+28	+35	+49
		+280	+150	+150	+80	+80	+40	+40	+40	+40	+25	+25	+13	+13	+13	+13

续表

基本尺寸/mm		A*	B*		C		D				E		F			
大于	至	11	11	12	11	12	8	9	10	11	8	9	6	7	8	9
10	14	+400 / +290	+260 / +150	+330 / +150	+205 / +95	+275 / +95	+77 / +50	+93 / +50	+120 / +50	+160 / +50	+59 / +32	+75 / +32	+27 / +16	+34 / +16	+43 / +16	+59 / +16
14	18															
18	24	+430 / +300	+290 / +160	+370 / +160	+240 / +110	+320 / +110	+98 / +65	+117 / +65	+149 / +65	+195 / +65	+73 / +40	+92 / +40	+33 / +20	+41 / 20	+53 / +20	+72 / +20
24	30															
30	40	+470 / +310	+330 / +170	+420 / +170	+280 / +120	+370 / +120	+119 / +80	+142 / +80	+180 / +80	+240 / +80	+89 / +50	+112 / +50	+41 / +25	+50 / +25	+64 / +25	+87 / +25
40	50	+480 / +320	+340 / +180	+430 / +180	+290 / +130	+380 / +130										
50	65	+530 / +340	+380 / +190	+490 / +190	+330 / +140	+440 / +140	+146 / +100	+174 / +100	+220 / +100	+290 / +60	+106 / +60	+134 / +60	+49 / +30	+60 / +30	+76 / +30	+104 / +30
65	80	+550 / +360	+390 / +200	+500 / +200	+340 / +150	+450 / +150										
80	100	+600 / +380	+440 / +220	+570 / +220	+390 / +170	+520 / +170	+174 / +120	+207 / +120	+260 / +120	+340 / +120	+126 / +72	+159 / +72	+58 / +36	+71 / +36	+90 / +36	+123 / +36
100	120	+630 / +410	+460 / +240	+590 / +240	+400 / +180	+530 / +180										
120	140	+710 / +460	+510 / 260	+660 / +260	+450 / +200	+600 / +200	+208 / 145	+245 / +145	+305 / +145	+395 / +145	+148 / +85	+185 / +85	+68 / +43	+83 / +43	+106 / +43	+143 / +43
140	160	+770 / +560	+530 / +280	+680 / +280	+460 / +210	+610 / +210										
160	180	+830 / +580	+560 / +310	+710 / 310	+480 / 230	+630 / +230										
180	200	+950 / +660	+630 / +340	+800 / +340	+530 / +240	+700 / +240	+242 / +170	+285 / +170	+3555 / +170	+460 / +170	+172 / +100	+215 / +100	+79 / +50	+96 / +50	+122 / +50	+165 / +50
200	225	+1030 / +740	+670 / +380	+840 / +380	+550 / +260	+720 / +260										
225	250	+1110 / +820	+710 / +420	+880 / +420	+570 / +280	+740 / +280										
250	280	+1240 / +920	+800 / +480	+1000 / +480	+620 / +300	820 / +300	+271 / +190	+320 / +190	+400 / +190	+510 / +190	+191 / +110	+240 / +110	+88 / +56	+108 / +56	+137 / +56	+186 / +56
280	315	+1370 / +1050	+860 / +540	+1060 / +540	+650 / +330	+850 / +330										

基本尺寸 /mm		A*	B*		C		D				E		F			
大于	至	11	11	12	11	12	8	9	10	11	8	9	6	7	8	9
315	355	+1560 +1200	+960 +600	+1170 +600	+720 +360	+930 +360	+229 +210	+350 +210	+440 +210	+570 +210	+214 +125	+265 +125	+98 +62	+119 +62	+151 +62	+202 +62
355	400	+1710 +1350	+1040 +680	+1250 +680	+760 +400	+970 +400										
400	450	+1900 +1500	+1160 +760	+1390 +760	+840 +440	+1070 +440	+327 +230	+385 +230	+480 +230	+630 +230	+232 +135	+290 +135	+108 +68	+131 +68	+165 +68	+223 +68
450	500	+2050 +1650	+1240 +8400	+1470 +840	+880 +480	+1110 +4888										

G		H							JS			K		
6	7	6	7	8	9	10	11	12	6	7	8	6	7	8
+8 +2	+12 +2	+6 0	+10 0	+14 0	+25 0	+40 0	+60 0	+100 0	±3	±5	±7	0 -6	0 -10	0 -14
+12 +0	+16 +4	+8 0	+12 0	+18 0	+30 0	+48 0	+75 0	+120 0	±4	±6	±9	+2 -6	+3 -9	+5 -13
+14 +5	+20 +5	+9 0	+15 0	+22 0	+36 0	+58 0	+90 0	+150 0	±4.5	±7	±11	+2 -7	+5 -10	+6 -16
+17 +6	+24 +6	+11 0	+18 0	+27 0	+43 0	+70 0	+110 0	+180 0	±5.5	±9	±13	+2 -9	+6 -12	+8 -19
+20 +7	+28 +7	+13 0	+21 0	+33 0	+52 0	+84 0	+130 0	+210 0	±6.5	±10	±16	+2 -11	+6 -15	+10 -23
+25 +9	+34 +9	+16 0	+25 0	+39 0	+62 0	+100 0	+160 0	+250 0	±8	±12	±19	+3 -13	+7 -18	+12 -27
+29 +10	+40 +10	+19 0	+30 0	+46 0	+74 0	+120 0	+190 0	+300 0	±9.5	±15	±23	+4 -15	+9 -21	+14 -32
+34 +12	+47 +12	+22 0	+35 0	+54 0	+87 0	+140 0	+220 0	+350 0	±11	±17	±27	+4 -21	+12 -28	+20 -43
+39 +14	+54 +14	+25 0	+40 0	+63 0	+100 0	+160 0	+250 0	+400 0	±12.5	±20	±31	+5 -24	+13 -33	+22 -50
+44 +15	+61 +15	+29 0	+46 0	+72 0	+115 0	+185 0	+290 0	+460 0	±14.5	±23	±36	+5 -24	+13 -33	+22 -50
+49 +17	+69 +17	+32 0	+52 0	+81 0	+130 0	+210 0	+320 0	+520 0	±16	±26	±40	+5 -27	+16 -36	+25 -56
+54 +18	+75 +18	+36 0	+52 0	+81 0	+130 0	+210 0	+320 0	+520 0	±18	±28	±44	+7 -29	+17 -40	+28 -61
+60 +20	+83 +20	+40 0	+63 0	+97 0	+155 0	+250 0	+400 0	+630 0	±20	±31	±48	+8 -32	+18 -45	+29 -68

续表

基本尺寸/mm 大于	至	M6	M7	M8	N6	N7	N8	P6	P7	R6	R7	S6	S7	T6	T7	U7
—	3	-2 / -8	-2 / -12	-2 / -16	-4 / -10	-4 / -14	-4 / -18	-6 / -12	-6 / -16	-10 / -16	-10 / -20	-14 / -20	-14 / -24	—	—	-18 / -28
3	6	-1 / -9	0 / -12	+2 / -16	-5 / -13	-4 / -16	-2 / -20	-9 / -17	-8 / -20	-12 / -20	-11 / -23	-16 / -24	-15 / -27	—	—	-19 / -31
6	10	-3 / -12	0 / -15	+1 / -21	-7 / -16	-4 / -19	-3 / -25	-12 / -21	-9 / -24	-16 / -25	-13 / -28	-20 / -29	-27 / -32	—	—	-22 / -37
10	14	-4 / -15	0 / -18	+2 / -25	-9 / -20	-5 / -23	-3 / -30	-15 / -26	-11 / -29	-20 / -31	-16 / -34	-25 / -34	-21 / -39	—	—	-26 / -44
14	18													—	—	
18	24	-4 / -17	0 / -21	+4 / -29	-11 / -24	-7 / -28	-3 / -36	-18 / -31	-14 / -35	-24 / -37	-20 / -41	-31 / -44	-27 / -48	—	—	-33 / -54
24	30													-37 / -52	-33 / -54	-40 / -61
30	40	-4 / -20	0 / -25	+5 / -34	-12 / -28	-8 / -33	-3 / -42	-21 / -37	-17 / -42	-29 / -45	-25 / -50	-38 / -54	-34 / -59	-43 / -59	-39 / -64	-51 / -76
40	50													-49 / -65	-45 / -70	-61 / -86
50	65	-5 / -24	0 / -30	+5 / -41	-14 / -33	-9 / -39	-4 / -50	-26 / -45	-21 / -51	-35 / -54	-30 / -60	-47 / -66	-42 / -72	-60 / -79	-55 / -85	-76 / -106
65	80									-37 / -56	-32 / -62	-53 / -72	-48 / -78	-69 / -88	-64 / -94	-91 / -121
80	100	6 / -28	0 / -35	+6 / -48	-16 / -38	-10 / -45	-4 / -58	-30 / -52	-24 / -59	-44 / -66	-38 / -73	-64 / -86	-58 / -93	-84 / -106	-78 / -113	-111 / -146
100	120									-47 / -69	-41 / -76	-72 / -94	-66 / -101	-79 / -119	-91 / -126	-131 / -166
120	140	-8 / -33	0 / -40	+8 / -55	-20 / -45	-12 / -52	-4 / -67	-36 / -61	-28 / -68	-56 / -81	-48 / -88	-85 / -110	-77 / -117	-115 / -140	-107 / -147	-155 / -195
140	160									-58 / -83	-50 / -90	-93 / -118	-85 / -125	-127 / -152	-119 / -159	-175 / -215
160	180									-61 / -86	-53 / -93	-101 / -126	-93 / -133	-139 / -164	-131 / -171	-195 / -235
180	200	-8 / -37	0 / -46	+9 / -63	-22 / -51	-14 / -60	-5 / -77	-41 / -70	-33 / -79	-68 / -97	-60 / -106	-113 / -142	-105 / -151	-157 / -186	-49 / -195	-219 / -265
200	225									-71 / -100	-63 / -109	-121 / -150	-113 / -159	-171 / -200	-163 / -209	-241 / -287
225	250									-75 / -104	-67 / -113	-131 / -160	-123 / -169	-187 / -216	-179 / -225	-267 / -313

续表

基本尺寸 /mm		M			N			P		R		S		T		U
大于	至	6	7	8	6	7	8	6	7	6	7	6	7	6	7	7
250	280	-9	0	+9	-25	-14	-5	-47	-36	-85 -117	-74 -126	-149 -181	-138 -190	-209 -241	-198 -250	-295 -347
280	315	-41	-52	-72	-57	-66	-86	-79	-88	-89 -121	-78 -130	-161 -193	-150 -202	-231 -263	-220 -272	-330 -382
315	355	-10	0	+11	-26	-16	-5	-51	-41	-97 -133	-87 -144	-179 -215	-169 -226	-257 -293	-247 -304	-369 -426
355	400	-46	-57	-78	-62	-73	-94	-87	-98	-103 -139	-93 -150	-197 -233	-187 -244	-283 -319	-273 -330	-414 -471
400	450	-10	0	+11	-27	-17	-6	-555	-45	-113 -139	-103 -166	-219 -259	-209 -272	-317 -357	-307 -370	-467 -530
450	500	-50	-63	-86	-67	-80	-103	-95	-108	-119 -159	-109 -172	-239 -279	-229 -292	-347 -387	-337 -400	-517 -508

注:1. * 基本尺寸小于 1mm 时,各级的 A 和 B 均不采用。

2. 带"▼"标记为优先公差带。